"十三五"职业教育规划教材

电力电子技术

第二版

主　编　宋　爽

副主编　王丽佳　夏　晨　赵立蕊

编　写　武玉英

主　审　张秋生

U0300258

中国电力出版社

CHINA ELECTRIC POWER PRESS

内 容 提 要

本书为"十三五"职业教育规划教材。

本书内容围绕项目展开,全书共分为6个模块,主要内容包括整流电路与调光台灯、有源逆变电路与卷扬机、直流电压变换电路与手机充电器、交流调压电路与电风扇无级调速器、变频电路与变频器、电力电子电路的安全运行与 MATLAB 仿真等。全书内容精炼、结构合理,突出操作性、实用性和先进性。

本书可以作为高职高专院校电气自动化技术、计算机控制技术、机电一体化技术、建筑电气技术等相关专业的教学用书,也可供电力电子技术应用领域的工程技术人员参考。

本书配有数字化教学资源和测试题库,方便教师教学和学生自学。

图书在版编目(CIP)数据

电力电子技术/宋爽主编 . —2 版 . —北京:中国电力出版社,2018.8(2020.8重印)

"十三五"职业教育规划教材

ISBN 978-7-5198-2104-3

Ⅰ.①电… Ⅱ.①宋… Ⅲ.①电力电子技术—高等职业教育—教材 Ⅳ.①TM1

中国版本图书馆 CIP 数据核字(2018)第 115586 号

出版发行:中国电力出版社
地 址:北京市东城区北京站西街 19 号(邮政编码 100005)
网 址:http://www.cepp.sgcc.com.cn
责任编辑:乔 莉(010—63412535)
责任校对:常燕昆
装帧设计:赵姗姗 王英磊
责任印制:钱兴根

印 刷:北京雁林吉兆印刷有限公司
版 次:2010 年 3 月第一版 2018 年 8 月第二版
印 次:2020 年 8 月北京第九次印刷
开 本:787 毫米×1092 毫米 16 开本
印 张:11.75
字 数:283 千字
定 价:34.00 元

由于电力电子技术的发展非常迅速，本书第一版的内容急需进行调整和更新。本书是对第一版的修订和完善。

依据国家中长期教育改革和发展规划纲要（2010—2020年）提出的高职高专"以服务为宗旨，以就业为导向，推进教育教学改革"的原则，本书在教学内容选取上，注重理论联系实际，充分体现了"科学性、实用性、通用性、新颖性"。

本书在内容编排上，力求突出以下特点：

1. 内容精炼，结构合理

电力电子技术内容涉及广泛，学习难度较大，本书删除了繁、难的理论知识内容，突出重点。结构上采用模块化的形式，目标明确；条理清晰，使学生能够通过掌握分散的知识点，做到对电力电子技术的融会贯通。

2. 项目驱动，针对性强

本书注重能力培养，将电力电子技术的内容分解为几个有代表性的项目，以项目任务驱动教学，逐渐引导学生进入该模块学习。将相关知识融入项目中，实现理论与实践有机结合。

3. 实用性与先进性并举

本书每一模块所选项目均是生产生活实例，便于学生接受。同时介绍了一些新型电力电子器件、软开关技术及SPWM技术等先进性知识。为了更好地理解和掌握电力电子技术，本书增加备受业内欢迎的MATLAB仿真软件的相关内容，为电力电子电路的设计与开发提供有效的帮助。

根据项目的繁简程度和学生的学习情况，可灵活安排实操或仿真训练。

本书由河北工业职业技术学院宋爽、王丽佳、夏晨、赵立蕊、武玉英编写。其中，宋爽编写了模块3、5；王丽佳编写了模块1；夏晨编写了模块2；赵立蕊编写了模块4；武玉英编写了模块6。全书由宋爽统稿。

本书承蒙神华集团国华电力公司热控首席专家张秋生主审，提出了宝贵的修改意见，同时在编写过程中，编者参阅了许多同行专家编著的文献，在此一并表示真诚的感谢。

限于编者水平，不足和疏漏之处敬请广大读者批评指正。

编　者

2018年5月

目　　录

绪　　论

一、电力电子技术概述

电力电子技术是一种利用电力电子器件对电能进行控制、转换和传输的技术。它的研究内容是电力电子器件的应用，电力电子电路的电能变换原理，以及电力电子装置的开发与应用技术。

电力电子技术包括电力电子器件、电路和控制三大部分，交叉涵盖电力、电子和控制三大电气工程领域，是目前最为活跃、发展最为迅速的一门综合性技术。

1957年，美国通用电气公司（GE）研制出世界上第一只工业用普通晶闸管（SCR），它标志着电力电子技术的诞生。随着晶闸管进入实际应用阶段，由于其具有体积小、质量轻、容量大、损耗小、寿命长、维护方便和控制性能好等优点，在工业、交通、电力等领域得到了广泛的应用。随着电子器件加工工艺的不断完善，各种新型的电力电子器件不断涌现，特别是各种类型全控型器件的出现，使电力电子技术的应用范围从传统的工业、交通、电力等领域，扩大到信息通信、家用电器甚至航天等领域。实际上，电力电子技术除在工业生产领域得到广泛应用，在我们的日常生活中也无处不在，目前它已发展成为一种应用极其广泛的技术。由于电力电子器件的电能变换效率高，完成相同的工作任务可以比传统方法节约10%～40%的电能，因此电力电子技术也是一项节能技术。

二、电力电子技术的主要功能与应用

电力电子电路是以电力电子器件为核心，通过对不同电路拓扑的不同控制方式来实现电能的转换和控制，其基本的转换形式和功能有可控整流电路、直流斩波电路、逆变电路和交流变换电路四种。

（1）可控整流电路，也称为交流/直流（AC/DC）变换电路，即将交流电转换为固定或可调的直流电。例如，由晶闸管组成的整流电路可将交流电压变换为固定或可调的直流电压，即构成一种可控整流电路。晶闸管可控整流电路完全可以取代传统的直流发动机组，实现直流电机的调速，因此，广泛应用于机床、轧钢、造纸、纺织、电解、电镀等领域。

（2）直流斩波电路，也称为直流/直流（DC/DC）转换电路，即将不可控的直流电转换为可控的直流电。完成这一任务的电力电子装置称为斩波器。它主要用于机车（如电车、电气机车、电瓶车等）的直流调速传动以及直流开关电源、金属焊接电源等。

（3）逆变电路，也称为直流/交流（DC/AC）变换电路，即将直流电变换为交流电，完成逆变功能的电力电子装置叫逆变器。将直流电压逆变成与电网同频率的交流电压，反馈到电网上的电路，称为有源逆变电路。它适用于直流电机的可逆调速、交流绕线式异步电动机的串级调速、高压直流输电和太阳能发电等方面；如果逆变器的交流侧直接接到负载，即将直流电逆变成某一频率或可变频率的交流电直接供给负载，则叫无源逆变，它在交流电机的变频调速、中/高频感应加热、不间断电源等方面应用十分广泛，是构成电力电子技术的重要内容。

（4）交流变换电路（AC/AC 变换），即对交流电的参数（幅值、频率）加以转换。根据变换参数的不同，交流变换电路可以分为交流调压电路和交—交变频电路。交流调压技术广泛应用于电炉温度控制、灯光调节、异步电动机的软起动和交流调速中；交—交变频电路也称为直接变频电路，是一种不通过中间直流环节，直接把电网频率的交流电压变换成不同频率的交流电压的变换电路，主要应用于大功率交流电机的调速系统。

上述四种电路统称为变流电路，在实际应用中可将一种或几种功能的电路进行组合，因此，电力电子技术通常也称为变流技术。

三、电力电子技术的发展

1. 电力电子器件的发展

电力电子技术的发展在很大程度上依赖于器件的发展，电力电子器件的发展是电力电子技术发展的基础，也是电力电子技术发展的动力，电力电子技术的每一次飞跃都是以新器件的出现为契机。电力电子器件的发展表现为两个阶段。

（1）传统电力电子器件阶段。传统电力电子器件主要是指功率二极管与晶闸管（可控硅），属于不控与半控型器件。自 1957 年生产出第一只晶闸管以来，现已衍生出快速晶闸管、逆导晶闸管、双向晶闸管、不对称晶闸管等品种，经过半个多世纪的发展，晶闸管的电压、电流等技术参数均有了很大的提高，目前，单只晶闸管的容量已达 8kV、6kA。此类器件只能通过门极控制其开通，而不能控制其关断，另外它立足于分立元件结构，工作频率难以大幅度提高，因此，其应用范围受到了很大限制。但是，晶闸管器件价格相对低廉，在高电压、大电流方面的发展空间依然很大。目前，以晶闸管为核心器件的变流设备仍然在许多场合使用，晶闸管及其相关知识目前仍是初学者必须掌握的基础。

（2）现代电力电子器件阶段。20 世纪 80 年代以来，将微电子技术与电力电子技术相结合，研制出新一代高频、全控型的现代电力电子器件。主要产品有电力晶体管（GTR）、门极可关断晶闸管（GTO）、功率场效应晶体管（MOSFET）、绝缘栅双极晶体管（IGBT）、MOS 门极晶闸管（MCT）、静电感应晶体管（SIT）等。特别是以 IGBT、SIT 为代表的全控型复合器件，集 MOSFET 管驱动功率小、开关速度快和 GTR（或 GTO）载流能力大的优点于一身，在大容量、高频率的电力电子电路中表现出非凡的性能。

2. 变流电路与控制电路的发展

传统电力电子技术是以整流为主导，以移相触发（相控）、PID 模拟控制为主。20 世纪 80 年代以来，随着高频全控器件的出现，逆变、斩波电路的应用日益广泛。由于逆变、斩波等电路都需要直流电源，因此，整流电路仍占有重要的地位。在逆变、斩波电路中，由于脉宽调制（PWM）技术的大量应用，使得变流装置的功率因数提高、谐波减少、动态响应加快，特别是以微处理器为核心的数字控制替代了模拟控制，并应用了静止旋转坐标变换的矢量控制，使电力电子技术日臻完善。

四、课程的任务与要求

电力电子技术是电气自动化技术专业、应用电子技术专业、机电一体化专业的专业基础课。课程内容包含"器件""电路""控制""应用"几个方面，但应以"电路""应用"为主。"器件"的内容主要包括常用器件的基本工作原理、特性、参数及它们的驱动和保护方法，目的是为了应用这些器件组成电路；"电路"主要研究由不同电力电子器件所构成的各种典型功率变换电路的工作原理、主电路结构、分析方法、设计计算等内容；"控制"研究的是各种典型触发、驱动以及必要的辅助电路的工作原理和特点；"应用"研究的是典型功率变换电路的生产生活应用实例。

学习电力电子技术课程的基本要求是：

（1）熟悉和掌握常用电力电子器件的工作原理、特性和参数，并能正确选择和使用器件。

（2）熟悉和掌握各种功率变换电路的工作原理，掌握其分析方法、工作波形分析和变换电路的初步设计和计算。

（3）了解各种开关元器件的控制电路、缓冲电路和保护电路。

（4）了解各种变换电路的特点、性能指标和使用场合。

（5）掌握项目完成方法和实操技能。

本课程涉及高等数学、电路分析、电子技术、电机拖动等相关课程知识，学习本课程时需要复习这些相关课程并综合运用所学知识。

模块 1　整流电路与调光台灯

将交流电变为直流电称为整流。将交流电变为可变的直流电称为可控整流。本模块将结合日常生活中的调光台灯，学习最常用的几种可控整流电路。并从中分析和研究整流电路的结构、工作原理和适用范围，总结其应用特点。

整流电路的结构框图如图 1-1 所示。

图 1-1　整流电路的结构框图

专题 1.1　电力电子器件 （一）

1.1.1　电力电子器件概述

1. 电力电子器件的概念

在电气设备或电力系统中，直接承担电能的变换或控制任务的电路被称为主电路（Power Circuit）。电力电子器件是指在可直接用于电能处理的主电路中，实现电能的变换或控制的电子器件。与在学习电子技术基础时广泛接触的处理信息的电子器件一样，广义上电力电子器件也可分为电真空器件 （Electron Device） 和半导体器件 （Semiconductor Device） 两类。但是，自 20 世纪 50 年代以来，除了在频率很高 （如微波） 的大功率电源中还在使用真空管外，基于半导体材料制成的电力电子器件已逐步取代了以前的汞弧整流器 （Mercury Arc Rectifier）、闸流管 （Thyratron） 等电真空器件，成为电能变换和控制领域的绝对主力。因此，电力电子器件目前也往往专指电力半导体器件。与普通半导体器件一样，目前电力半导体器件所采用的主要材料仍然是硅。

2. 电力电子器件的特征

由于电力电子器件直接用于处理电能的主电路，因而与处理信息的电子器件相比，它一般具有如下特征：

（1） 电力电子器件所能处理电路功率的大小，也就是其承受电压和电流的能力，是其最重要的参数。通常，电力电子器件处理电路功率的能力小至毫瓦级，大至兆瓦级，一般都远大于处理信息的电子器件。

（2） 因为处理的电路功率较大，为了减小本身的损耗，提高效率，电力电子器件一般都工作在开关状态。导通时 （通态） 阻抗很小，接近于短路，管压降接近于零，而电流由外电路决定；阻断时 （断态） 阻抗很大，接近于断路，电流几乎为零，而器件两端电压由外电路决定，与普通晶体管的饱和与截止状态类似。因而，电力电子器件的动态特性 （也就是开关特性）和参数，也是电力电子器件特性很重要的方面，有时甚至是器件最为重要的特性。而在模拟电子电路中，电子器件一般都工作在线性放大状态，数字电子电路中的电子器件虽然一般也工作在开关状态，但其目的是利用开关状态表示不同的信息。因此，常常将一个电力电子器件或者外特性像一个开关的几个电力电子器件的组合称为电力电子开关，或称为电力半导体开关。电路分析时，为简单起见也往往用理想开关来代替。广义上讲，电力电子开关有时也指由电力电子器件组成的在电力系统中起开关作用的电气装置。

（3）在实际应用中，电力电子器件往往需要由信息电子电路来控制。由于电力电子器件所处理的电路功率较大，因此普通的信息电子电路信号一般不能直接控制电力电子器件的导通或关断。因而，在主电路和控制电路之间，需要一定的中间电路对这些信号进行适当的放大，这就是电力电子器件的驱动电路。

（4）尽管工作在开关状态，但是电力电子器件目前的功率损耗通常仍然大于信息电子器件的功率损耗，为了避免器件因功率损耗散发的热量而导致温度过高引起损坏，不仅在器件封装上需进行散热设计，在其工作时一般都还需要安装散热器。这是因为电力电子器件在导通或者阻断状态下，并不是理想的短路或者断路。导通时器件上有一定的通态压降，阻断时器件上有微小的断态漏电流流过，尽管数值都很小，但分别与数值较大的通态电流和断态电压相作用，就形成了电力电子器件的通态损耗和断态损耗。此外，还有在电力电子器件由断态转为通态（开通过程）或者由通态转为断态（关断过程）的转换过程中产生的损耗，分别称为开通损耗和关断损耗，总称开关损耗。对于某些器件来讲，驱动电路向其注入的功率也是造成器件发热的原因之一。通常，除一些特殊的器件外，电力电子器件的断态漏电流都极其微小，因而通态损耗是器件功率损耗的主要成因。当器件的开关频率较高时，开关损耗会随之增大，也可能成为器件功率损耗的主要因素。

3. 电力电子器件的分类

电力电子器件种类繁多，因此有多种分类方法。

（1）按照器件内部电子和空穴两种载流子参与导电的情况，分为以下三类。这种分类方法也是最根本、最本质的分类方法，它影响和决定了后两种分类方法。

1）双极型器件（Bipolar Device）。由电子和空穴两种载流子参与导电的电力电子器件被称为双极型器件。双极型器件具有通态压降较低、阻断电压高、电流容量大等优点，适用于中大容量的变流设备。双极型器件除了静电感应晶闸管（SITH）为电压控制型器件外，其余的均为电流驱动型（电流控制型）器件，控制性能和能耗均不如单极型器件。双极型器件的代表为电力二极管、晶闸管、门极可关断晶闸管（GTO）、电力晶体管（GTR）等。

2）单极型器件（Unipolar Device）。只有一种载流子即多数载流子参与导电。单极型器件没有少数载流子的存储效应，因而开关时间短，一般为纳秒数量级（典型值为 20ns）；这类器件另一个优点是输入阻抗很高，通常大于 40MΩ；此外，单极型器件的电流具有负的电流温度系数，温度上升，电流下降，因而该类器件有良好的电流自动调节能力，二次击穿的可能性极小。单极型器件的不足之处是导通压降高，电压和电流的定额都较双极型器件的要小。单极型器件主要用于功率较小、工作频率高的高性能传动装置中。单极型器件的代表为电力场效应晶体管（MOSFET）、静电感应晶体管（SIT）等。

3）复合型器件（Complex Device），也称混合型器件。它由单极型器件和双极型器件复合而成。复合型器件既具有双极型器件的电流密度大、导通压降低等优点，又具有单极型器件输入阻抗高、响应速度快的优点。复合型器件的代表元件为绝缘栅双极晶体管（IGBT）、MOS 控制晶闸管（MCT）等。

图 1-2 给出了电力电子器件以这种分类方法为基础形成的"分类树"。

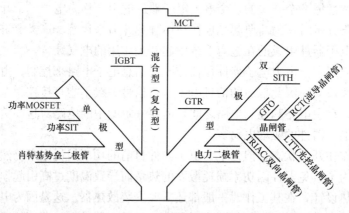

图 1-2　电力电子器件的分类树

（2）按照器件能够被控制电路信号所控制的程度（开关控制性能），分为不可控器件、半控型器件和全控型器件三类。

1）不可控器件（Uncontrolled Device），不能用控制信号来控制其通断，即不具备可控开关性能，因而也就不需要驱动电路。这种器件只有两个端子，其基本特性与信息电子电路中的二极管一样，器件的导通和关断完全是由其在主电路中承受的电压和电流决定的。不可控器件的代表为电力二极管（Power Diode）。

2）半控型器件（Semi-controlled Device），通过控制信号可以控制其导通但不能控制其关断。这类器件的关断完全是由其在主电路中承受的电压和电流决定的。半控型器件的代表为晶闸管（Thyristor）及其大部分派生器件。

3）全控型器件（Full-controlled Device），通过控制信号既可控制其导通又可控制其关断，也称自关断器件。全控型器件的代表为门极可关断晶闸管（GTO）、电力晶体管（GTR）、电力场效应晶体管（MOSFET）、绝缘栅双极晶体管（IGBT）等。

（3）按照驱动电路加在器件控制端和公共端之间信号的性质，分为电流驱动型器件和电压驱动型器件两类。

1）电流驱动型器件（Current Driving Type），也称电流控制型器件。它通过从控制端注入或者抽出电流来实现导通或者关断控制。电流驱动型的代表为晶闸管、门极可关断晶闸管（GTO）、电力晶体管（GTR）等。

2）电压驱动型器件（Voltage Driving Type），也称电压控制型器件。它通过在控制端和公共端之间施加一定的电压信号就可实现导通或者关断控制。电压驱动型器件实际上是通过加在控制端上的电压在器件的两个主电路端子之间产生可控的电场来改变流过器件的电流大小和通断状态，所以又称场控器件（Field Controlled Device）或场效应器件。电压驱动型的代表为电力场效应晶体管（MOSFET）、绝缘栅双极晶体管（IGBT）等。

4. 电力电子器件的发展趋势

电力电子器件是电力电子技术得以快速发展的基础，从一定程度上来说，电力电子器件的发展趋势也就预示了电力电子技术的一些发展趋势。纵观电力电子器件的发展历程，结合当今电力电子技术的应用实际，下面对电力电子器件的发展趋势进行归纳和总结。现代电力电子技术除了不断向高电压、大电流方向发展外，在器件发展方面也呈现出如下趋势。

（1）全控化。电力电子器件实现全控化，即器件本身具有门（栅）极自关断能力，是现代电力电子器件在功能上的重大突破。在电力电子器件的发展史所介绍到的门极可关断晶闸管（GTO）、电力晶体管（GTR）、电力场效应晶体管（MOSFET）、绝缘栅双极晶体管（IGBT）、MOS 控制晶闸管（MCT）和集成门极换流晶闸管（IGCT）等都已经实现了全控化，从而避免了传统电力电子器件在关断时所需要的强迫换流电路。

（2）高频化。目前，门极可关断晶闸管（GTO）的工作频率为 0.5～2kHz，电力晶体管（GTR）可达 2～5kHz，电力场效应管（MOSFET）可达 500kHz，静电感应晶体管 SIT 的工作频率与电力 MOSFET 相当，甚至超过电力 MOSFET，可达 10MHz 以上。这标志着电力电子技术已经进入高频化发展时期。

（3）集成化。几乎所有的全控型器件都由许多功能相同的单元并联组成。例如，一个 1000A 的门极可关断晶闸管（GTO），其内部是由近千个 GTO 单元并联组成；一个 40A 的电力 MOSFET 由上万个单元并联集成。另外，问世于 20 世纪 80 年代中后期的电力电子器件第三代产品——智能功率模块（IPM）和智能功率集成电路（SPIC）是功率集成电路（PIC）中的尖端产品。IPM 把不同功能的功率单元与驱动单元及保护单元集成为一个模块，缩小了整机的体积，方便了整机的设计和制造；SPIC 把逻辑单元、传感单元、测量单元及保护单元等与功率单元集成于一体，使其具备相当于某种复杂电路的功能。

（4）专用化。为了进一步提高器件的功能和降低成本，近年来国际上出现了电力电子器件的专业化集成电路（ASIC）以及专用的智能化功率集成模块（ASIPM），它们把几乎所有的硬件都以芯片的形式安装到一个模块中，使元器件之间不再使用传统的引线连接，这样的模块经过严格合理的热、电、机械方面的设计，达到完美的境地。其优点在于不仅使用方便、缩小了整机体积，更重要的是取消了传统连线，使寄生参数降到最小，从而将元器件承受的电应力降至最低，提高了系统的可靠性。

（5）多功能化和智能化。传统电力电子器件只有开关功能，多数用于整流电路。而现代电力电子器件的品种增多、功能扩大、使用范围拓宽，使其不但具有开关功能，还具有放大、调制、振荡以及逻辑运算和保护等功能，因而使电力电子器件多功能化，甚至智能化。

（6）控制技术数字化。全控型器件及高频化的功能促进了电力电子电路的弱电化。PWM 控制方法、谐振变换、高频斩波等如今已成为电力电子电路的高新技术。这些高新技术显示出越来越多的优点：便于计算机处理和控制，避免模拟信号的传递畸变失真，减小杂散信号的干扰，便于软件调试和遥感、遥测、遥控，便于自诊断、容错等技术的植入。随着微电子技术与电力电子技术的结合，控制技术也逐步实现数字化。

1.1.2　不可控器件——功率二极管（PD）

功率二极管又称为电力二极管，也称为半导体整流器。由于它不能通过控制信号控制其导通或关断，只能由电源主回路控制其通断，故属于不可控电力电子器件。它常作为整流器件或续流器件，用于整流电路或电感性负载的续流。又由于其结构简单、工作可靠，因而被广泛应用在不需要调压的整流场合，如交—直—交变频的整流、大功率直流电源等，特别是快速恢复二极管及肖特基二极管，仍在中、高频整流和逆变以及低压高频整流场合广泛使用。

1. 工作原理

功率二极管的基本结构和工作原理与电子电路中的二极管一样，都是以半导体 PN 结为基础，通过扩散工艺制作的，但是功率二极管功耗较大。功率二极管由一个面积较大的 PN 结和两端引线封装组成。从 PN 结的 P 型端引出的电极称为阳极 A，从 PN 结的 N 型端引出的电极称为阴极 K。功率二极管的外形、结构和电气图形符号如图 1-3 所示。从外形上看，功率二极管主要有螺栓型和平板型两种封装。

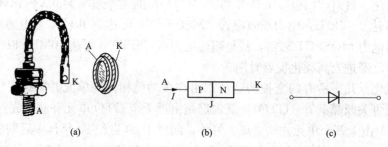

图 1-3 功率二极管的外形、结构和电气图形符号

(a) 外形；(b) 结构；(c) 电气图形符号

当外加电压使功率二极管阳极 A 的电位高于阴极 K 的电位时，此时的电压称为正向电压，功率二极管处于正向偏置状态（简称正偏），PN 结导通。PN 结导通后，PN 结表现为低阻态，可以流过较大的电流，功率二极管的这种状态称为正向导通状态。

当外加电压使功率二极管阳极 A 的电位低于阴极 K 的电位时，此时的电压称为反向电压，功率二极管处于反向偏置状态（简称反偏），PN 结截止。功率二极管反偏时，PN 结表现为高阻态，几乎没有电流流过，功率二极管的这种状态称为反向截止状态。

上述就是二极管的单向导电性，功率二极管就是利用这个性质工作的。

2. 功率二极管的伏安特性

功率二极管的阳极和阴极间的电压和流过二极管的电流之间的关系称为伏安特性，其伏安特性曲线如图 1-4 所示。

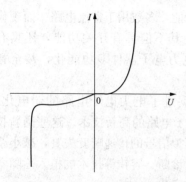

图 1-4 功率二极管的伏安特性

正向特性：当从零逐渐增大正向电压时，开始阳极电流很小，当正向电压大于 0.5V 时，正向阳极电流急剧上升，管子正向导通。

反向特性：当二极管加上反向电压时，起始段的反向漏电流也很小，随着反向电压增加，反向漏电流只略有增大，但当反向电压增加到反向不重复峰值电压值时，反向漏电流开始急剧增加，这一现象称为反向击穿。

3. 功率二极管的主要参数和选用

(1) 功率二极管的主要参数。器件参数是定量描述器件性能和安全工作范围的重要数据，是合理选择和正确使用器件的依据。参数一般可从产品手册中查到，也可以通过直接测量得到。

1）正向平均电流 $I_{F(AV)}$，是指功率二极管长期运行时，在规定的管壳温度和散热条件下，允许流过的最大工频正弦半波电流的平均值，这也是功率二极管的标称额定电流。可以看出，正向平均电流是按照电流的热效应来定义的，因此在使用时应按照工作中实际的电流与正向平均电流所造成的发热效应相等，即有效值相等的原则来选取功率二极管的电流定额，并留有一定的裕量。如果功率二极管流过的电流最大有效值为 I，则其正向平均电流 $I_{F(AV)}$ 为

$$I_{F(AV)} = \frac{I}{1.57} \tag{1-1}$$

2）正向压降 U_F，是指功率二极管在规定温度下，流过某一稳态正向电流时对应的正向压降。有时，参数表中也给出了在特定温度下、流过某一瞬态正向大电流时，功率二极管的最大瞬时正向压降。

3）反向重复峰值电压 U_{RRM}（额定电压），是指对功率二极管所能重复施加的反向最高峰值电压，通常是其雪崩电压的 2/3。使用时，往往按照电路中功率二极管可能承受的反向峰值电压的两倍来选定此参数。

4）反向恢复时间 t_{rr}，是指功率二极管从所施加的反向偏置电流降至零起到恢复反向阻断能力为止的时间。

5）浪涌电流 I_{FSM}，是指功率二极管所能承受的最大的连续一个或几个工频周期的过载电流。

（2）功率二极管的选用。

1）功率二极管的正向平均电流 $I_{F(AV)}$ 应满足

$$I_{F(AV)} \geqslant (1.5 \sim 2) \frac{I_{DM}}{1.57} \tag{1-2}$$

式中：1.5～2 为安全裕量系数；I_{DM} 为流过功率二极管的最大有效值电流，选用时取相应标准系列值。

2）功率二极管的反向峰值电压应满足

$$U_{RRM} = (2 \sim 3) U_{DM} \tag{1-3}$$

式中：U_{DM} 为功率二极管可能承受的最大反向电压，选用时取相应标准系列值。

（3）功率二极管的测试。功率二极管的内部结构为 PN 结，因此通过用万用表的 $R \times 100\Omega$ 或 $R \times 1\Omega$ 测量阳极 A 和阴极 K 两端的正反向电阻，就可以判断出功率二极管的好坏。一般功率二极管的正向电阻为几十欧至几百欧，而反向电阻为几千欧甚至几十千欧；若正反向电阻都为零或都为无穷大，说明功率二极管已经损坏。严禁用绝缘电阻表测试功率二极管。

（4）使用注意事项。使用功率二极管时，必须保证规定的冷却条件，若不能满足规定的冷却条件，必须降低容量使用。若规定风冷的器件使用在自冷时，只允许用到额定电流的 1/3 左右。

4. 功率二极管的主要类型

功率二极管在 A/D 转换器电路中常作为整流器件或电路中的续流器件使用，有时还可作为电压隔离、钳位或保护器件。使用中根据实际需要，可选择不同的功率二极管。功率二

极管的主要类型有普通二极管、快速恢复二极管和肖特基势垒二极管三种。

（1）普通二极管。普通二极管又称为整流二极管，多用于开关频率不高（1kHz 以下）的整流电路中，其反向恢复时间较长，一般在 5μs 以上，这在开关频率不高时并不重要，在参数表中甚至不列出这一参数。但其正向电流和反向电压额定值可以达到很高，分别可达数千安和数千伏以上。

（2）快速恢复二极管。恢复时间很短，特别是反向恢复时间很短，一般在 5μs 以下。快速恢复二极管的简称为快速二极管。它可用于要求反向恢复时间很小的电路中，如与可控开关配合的高频电路中。快速二极管从性能上可分为快速恢复和超快速恢复两个等级。前者反向恢复时间为数百纳秒或更长，后者则在 100ns 以下，甚至达到 20~30ns。

（3）肖特基势垒二极管。肖特基势垒二极管是以金属和半导体接触形成的势垒为基础的二极管，简称为肖特基二极管。其优点是：反向恢复时间很短（10~40ns），正向恢复过程中也不会有明显的电压过冲，在反向耐压较低的情况下正向压降很小，明显低于快速二极管。因此，其开关损耗和正向导通损耗都比快速二极管小。其缺点是：当所承受的反向电压提高时其正向压降也有较大幅度提高。它适用于要求输出电压 200V 以下和要求较低正向管压降的变流器电路中。

1.1.3 半控型器件——晶闸管（SCR）

晶闸管（Thyristor）是硅晶体闸流管的简称，又称为可控硅整流器（Silicon Controlled Rectifier，SCR）。晶闸管是一种能够通过控制信号控制其导通，但不能控制其关断的半控型器件。由于其导通时刻可控，可满足调压要求，具有体积小、质量轻、工作迅速、维护简单、操作方便和寿命长等特点，自问世以来在实际生产中获得了广泛的应用，发展非常迅速。自 20 世纪 80 年代以来，晶闸管的地位逐渐被各种性能更好的全控型器件所代替，但由于其能够承受的电压和电流仍是目前电力电子器件中最高的，且工作可靠，仍被广泛应用于相控整流、逆变、交流调压、直流变换等领域，成为特大功率低频（200Hz）装置中的主要器件。

1. 晶闸管的外形及符号

晶闸管是一种大功率半导体器件，其外形结构有塑封型、螺栓型、平板型等，常用的是螺栓型和平板型。晶闸管的外形、结构和电气图形符号如图 1-5 所示。晶闸管有三个引出极，即阳极 A、阴极 K 和门极 G。

螺栓型晶闸管的螺栓是阳极 A，粗辫子线是阴极 K，细辫子线是门极 G，螺栓型晶闸管的阳极（螺栓）是紧拴在铝制散热器上的，其特点是安装和更换方便，但由于依靠阳极散热器自然冷却散热，散热效果较差，一般只适用于额定电流小于 200A 的晶闸管。

平板型晶闸管的两个平面分别是阳极 A 和阴极 K，细辫子线是门极 G，距离门极较近的一面是阴极 K，距离门极较远的一面是阳极 A，使用时两个互相绝缘的散热器把晶闸管紧紧地夹在一起，依靠冷风冷却。其特点是散热效果好，但更换麻烦，一般适用于额定电流大于 200A 的晶闸管。

2. 晶闸管的工作原理

（1）晶闸管的导通与关断条件。图 1-6 所示为晶闸管的导通与关断条件试验电路。在该电路中，电源 E_A、晶闸管的阳极和阴极、白炽灯组成晶闸管主电路；电源 E_G、开关 S、

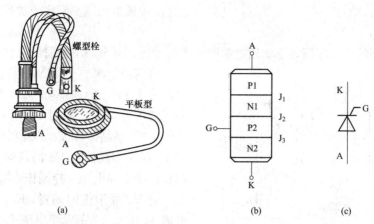

图 1-5　晶闸管的外形、结构和电气图形符号

(a) 外形；(b) 结构；(c) 电气图形符号

晶闸管的门极和阴极组成控制电路（又称触发电路）。

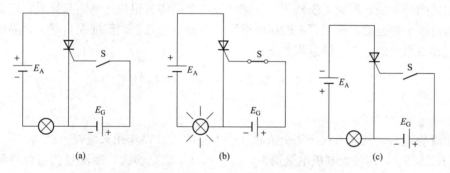

图 1-6　晶闸管的导通与关断条件试验电路

实验步骤及结果说明如下：

1）将晶闸管的阳极 A 接电源 E_A 的正端，阴极 K 接白炽灯接电源的负端，此时晶闸管承受正向电压。当控制电路中的开关 S 断开时，白炽灯不亮，说明晶闸管不导通。如图 1-6 (a) 所示。

2）当晶闸管的阳极和阴极承受正向电压，控制电路中开关 S 闭合，使控制极也加正向电压时，白炽灯亮，说明晶闸管导通。如图 1-6 (b) 所示。

3）当晶闸管导通时，将控制极上的电压去掉，即将开关 S 断开，白炽灯依然亮，说明一旦晶闸管导通，控制极就失去了控制作用。如图 1-6 (b) 所示。

4）当晶闸管的阳极和阴极间加反向电压时，无论控制极是否加正向电压，白炽灯都不亮，说明晶闸管截止。如果控制极加反向电压，无论晶闸管主电路加正向电压还是反向电压，晶闸管都不导通。如图 1-6 (c) 所示。

通过上述实验可知，晶闸管导通必须同时具备两个条件：

1）晶闸管主电路加正向电压。

2）晶闸管控制电路加合适的正向电压。

晶闸管一旦导通，门极即失去控制作用，故晶闸管为半控型器件。为使晶闸管关断，必须使其阳极电流减小到一定数值以下，这只有通过使阳极电压减小到零或加反向电压的方法来实现。

（2）晶闸管的工作原理。下面通过晶闸管的等效电路来分析晶闸管的工作原理。

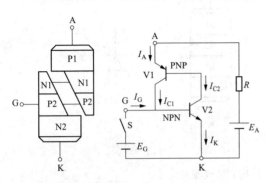

图 1-7　晶闸管工作原理的等效电路

将内部是四层 PNPN 结构的晶闸管看成是由一个 PNP 型和一个 NPN 型晶体管连接而成的等效电路，如图 1-7 所示。阳极 A 相当于 PNP 型晶体管 V1 的发射极、阴极 K 相当于 NPN 型晶体管 V2 的发射极。当晶闸管阳极承受正向电压，控制极也加正向电压时，晶体管 V2 处于正向偏置，E_G 产生的控制极电流 I_G 就是 V2 的基极电流 I_{B2}，V2 的集电极电流 $I_{C2} = \beta_2 I_G$。而 I_{C2} 又是晶体管 V1 的基极电流，V1 的集电极电流 $I_{C1} = \beta_1 I_{C2}$ $= \beta_1 \beta_2 I_G$（β_1 和 β_1 分别是 V1 和 V2 的电流放大系数）。电流 I_{C1} 又流入 V2 的基极，再一次被放大。这样循环下去，形成了强烈的正反馈，使两个晶体管很快达到饱和导通，这就是晶闸管的导通过程。导通后，晶闸管上的压降很小，电源电压几乎全部加在负载上，晶闸管中流过的电流即负载电流。正反馈过程如下：

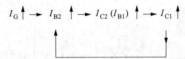

晶闸管导通后，其导通状态完全依靠管子本身的正反馈作用来维持。此时，$I_{B2} = I_{C1} +$ I_G，而 $I_{C1} \gg I_G$，即使控制极电流消失，$I_G = 0$，I_{B2} 仍足够大，晶闸管仍将保持导通。因此，控制极的作用仅是触发晶闸管使其导通。导通之后，控制极就失去了控制作用，要想关断晶闸管，最根本的方法就是将阳极电流减小到使之不能维持正反馈的程度，也就是将晶闸管的阳极电流减小到维持电流之下。可采用的方法有三种：一是减小阳极电压；二是将阳极电源断开；三是改变晶闸管的阳极电压的方向，即在阳极和阴极间加反向电压。

综上所述，晶闸管的工作特点是：①晶闸管电路有两部分组成，一是部分阳—阴极主电路，另一部分是门—阴极控制电路；②阳—阴极之间具有可控的单向导电特性；③门极仅起触发导通作用，不能控制关断；④晶闸管的导通与关断两个状态相当于开关的作用，这样的开关又称为无触点开关。

3. 晶闸管的伏安特性

晶闸管的阳极与阴极间的电压和阳极电流之间的关系，称为阳极伏安特性，如图 1-8 所示。位于第 I 象限的是正向特性，位于第 III 象限的是反向特性。

（1）正向特性。在门极电流 $I_G = 0$ 情况下，晶闸管处于断态，只有很小的正向漏电流；随着正向阳极电压的增加，达到正向转折电压 U_{BO} 时，漏电流突然剧增，特性从正向阻断状态突变为正向导通状态。正常工作时，不允许把正向电压加到转折值 U_{BO}，而是从门极输入触发电流 I_G，使晶闸管导通。门极电流愈大，阳极电压转折点愈低。晶闸管正向导通后，要使晶闸管恢复阻断，只有逐步减少阳极电流。当 I_A 减小到维持电流 I_H 以下时，晶闸管由导通变为阻断。

图 1-8 中各物理量的定义如下：U_{DRM}、U_{RRM} 为正、反向断态重复峰值电压；U_{DSM}、U_{RSM} 为正、反向断态不重复峰值电压；U_{BO} 为正向转折电压；U_{RO} 为反向击穿电压。

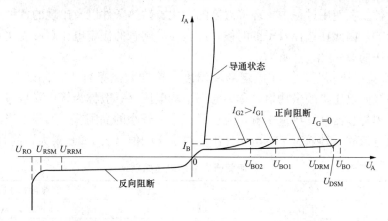

图 1-8 晶闸管的伏安特性

（2）反向特性。当在晶闸管上施加反向电压时，其伏安特性与二极管的反向特性类似。晶闸管处于反向阻断状态时，只有极小的反向漏电流通过。当反向电压超过一定程度，达到反向击穿电压后，外电路若无限制措施，则反向漏电流急剧增大，导致晶闸管发热损坏。

4．晶闸管的主要参数

（1）电压参数。

1）正向断态重复峰值电压 U_{DRM}，即在控制极断路和正向阻断条件下，可重复加在晶闸管两端的正向峰值电压。国家标准规定：重复频率为 50Hz，每次持续时间不超过 10ms；此电压为正向断态不重复峰值电压 U_{DSM} 的 80%。正向断态不重复峰值电压 U_{DSM} 应低于正向转折电压 U_{BO}，所留裕量由生产厂家自定。

2）反向断态重复峰值电压 U_{RRM}，即在控制极断路时，以重复加在晶闸管两端的反向峰值电压。此电压取反向断态不重复峰值电压 U_{RSM} 的 80%。反向断态不重复峰值电压 U_{RSM} 应低于反向击穿电压，所留裕量由生产厂家自定。

3）额定电压 U_{VTN}。晶闸管的额定电压取 U_{DRM}、U_{RRM} 的较小值，且靠近标准电压等级所对应的电压值。

例如，一只晶闸管实测 $U_{DRM}=812V$，$U_{RRM}=756V$，将二者较小的 756V 按表 1-1 取整得 700V，该晶闸管的额定电压为 700V。

表 1-1　　　　　　　　　　　　晶闸管标准电压等级表

级别	正反向重复 峰值电压（V）	级别	正反向重复 峰值电压（V）	级别	正反向重复 峰值电压（V）
1	100	8	800	20	2000
2	200	9	900	22	2200
3	300	10	1000	24	2400
4	400	12	1200	26	2600
5	500	14	1400	28	2800
6	600	16	1600	30	3000
7	700	18	1800		

在晶闸管的铭牌上，额定电压是以电压等级的形式给出的，通常标准电压等级规定为：电压在 1000V 以下，每 100V 为一级；1000～3000V，每 200V 为一级，用百位数或千位和百位数表示级数。在使用过程中，环境温度的变化、散热条件以及出现的各种过电压都会对晶闸管产生影响，因此在选择管子的时候，应当使晶闸管的额定电压 U_{TN} 为实际工作时可能承受的最大电压的 2～3 倍。

4）通态平均电压 $U_{T(AV)}$。在规定环境温度、标准散热条件下，晶闸管通以额定电流时，阳极和阴极间电压降的平均值，称为通态平均电压（一般称为管压降），其数值按表 1-2 分组。从降低损耗和器件发热量来看，应选择 $U_{T(AV)}$ 较小的晶闸管。实际上当晶闸管流过较大的恒定直流电流时，其通态平均电压比出厂时定义的值（表 1-2）要大，约为 1.5V。

表 1-2　　　　　　　　　　　　　　晶闸管通态平均电压组别

组别	通态平均电压（V）	组别	通态平均电压（V）
A	$U_{T(AV)} \leqslant 0.4$	F	$0.8 < U_{T(AV)} \leqslant 0.9$
B	$0.4 < U_{T(AV)} \leqslant 0.5$	G	$0.9 < U_{T(AV)} \leqslant 1.0$
C	$0.5 < U_{T(AV)} \leqslant 0.6$	H	$1.0 < U_{T(AV)} \leqslant 1.1$
D	$0.6 < U_{T(AV)} \leqslant 0.7$	I	$1.1 < U_{T(AV)} \leqslant 1.2$
E	$0.7 < U_{T(AV)} \leqslant 0.8$		

5）门极触发电压 U_{GT}。对应于门极触发电流的门极电压称为门极触发电压 U_{GT}。

（2）电流参数。

1）通态平均电流 $I_{T(AV)}$。由于整流设备的输出端所接负载常用平均电流来表示，晶闸管额定电流的标定与其他电气设备不同，采用的是平均电流，而不是有效值，又称为通态平均电流 $I_{T(AV)}$。通态平均电流定义为：在环境温度为 +40℃和规定的散热条件下，晶闸管在电阻性负载时的单相、工频（50Hz）、正弦半波（导通角不小于 170°）的电路中，结温稳定且不超过额定结温时，所允许的通态平均电流 $I_{T(AV)}$ 为

$$I_{T(AV)} = \frac{1}{2\pi} \int_0^\pi I_m \sin\omega t \, d(\omega t) = \frac{1}{\pi} \times I_m \tag{1-4}$$

而正弦半波的电流有效值为

$$I_T = \sqrt{\frac{1}{2\pi} \int_0^\pi (I_m \sin\omega t)^2 d(\omega t)} = \frac{1}{2} I_m \tag{1-5}$$

在正弦半波情况下，电流有效值 I_T 和通态平均电流 $I_{T(AV)}$ 的比值为

$$\frac{I_T}{I_{T(AV)}} = 1.57 \tag{1-6}$$

如额定电流为 100A 的晶闸管，其允许通过的电流有效值为 157A。

由于电路不同、负载不同、导通角不同，流过晶闸管的电流波形不一样，从而它的电流有效值 I_T 和平均值 I_d 的关系也不一样，电流有效值 I_{VT} 和平均值 I_d 的比值称为波形系数，用 K_f 表示，即

$$K_f = \frac{I_T}{I_d} \tag{1-7}$$

根据电流有效值相等的原则，有 $K_f I_d = 1.57 I_{T(AV)}$。因此，流过晶闸管的电流平均值 I_d 为

$$I_d = \frac{1.57 I_{T(AV)}}{K_f} \tag{1-8}$$

由于晶闸管的过载能力较小，在实际选择晶闸管时，其额定电流一般按以下原则来确定：晶闸管在额定电流时的电流有效值应大于其所在电路中可能流过的最大电流的有效值，同时取 1.5～2 倍的安全裕量。

2）维持电流 I_H。在室温下门极断开时，晶闸管从较大的通态电流降至刚好能保持导通的最小阳极电流称为维持电流 I_H，它一般为几毫安到几百毫安。维持电流与器件容量、结温等因素有关，同一型号晶闸管的维持电流也不相同，晶闸管的额定电流越大，维持电流也越大。通常在晶闸管的铭牌上标明常温下 I_H 的实测值。

3）擎住电流 I_L。在晶闸管门极加上触发脉冲，当器件刚从阻断状态转为导通状态立刻撤除触发脉冲，此时器件维持导通所需的最小阳极电流称为擎住电流 I_L。对于同一晶闸管来说，擎住电流 I_L 要比维持电流 I_H 大 2～4 倍。欲使晶闸管触发导通，必须使触发脉冲保持到阳极电流上升到擎住电流以上，否则会造成晶闸管重新恢复阻断状态，因此触发脉冲必须具有一定的宽度。

4）门极触发电流 I_{GT}。在室温下，对晶闸管加上 6V 正向阳极电压时，使器件由断态转入通态所必需的最小门极电流称为门极触发电流 I_{GT}。

由于晶闸管门极特性的差异，触发电流、触发电压相差也很大。所以，对不同系列的晶闸管只规定了门极触发电流和门极触发电压的上、下限值。

晶闸管的铭牌上都标明了触发电流和电压在常温下的实测值，但触发电流、电压受温度的影响很大。温度升高，U_{GT}、I_{GT} 值会显著降低；温度降低，U_{GT}、I_{GT} 值又会增大。为了保证晶闸管的可靠触发，在实际应用中，外加门极电压的幅值应比 U_{GT} 大几倍。

（3）动态参数。晶闸管作为无触点开关，在导通与阻断两种工作状态之间的转换并不是瞬时完成的，而需要一定的时间。当元件的导通与关断频率较高时，就必须考虑这种时间的影响。

1）开通时间 t_{gt}。一般规定：从门极触发电压前沿的 10% 到元件阳极电压下降至 10% 所需的时间称为开通时间 t_{gt}，普通晶闸管的 t_{gt} 约为 6μs。开通时间与触发脉冲的陡度大小、结温以及主回路中的电感量等有关。为了缩短开通时间，常采用实际触发电流比规定触发电流大 3～5 倍、前沿陡的窄脉冲来触发，称为强触发。另外，如果触发脉冲不够宽，晶闸管就不可能触发导通。一般来说，要求触发脉冲的宽度稍大于 t_{gt}，以保证晶闸管可靠触发。

2）关断时间 t_q。晶闸管导通时，内部存在大量的载流子。晶闸管的关断过程是：当阳极电流刚好下降到零时，晶闸管内部各 PN 结附近仍然有大量的载流子未消失，此时若马上重新加上正向电压，晶闸管仍会不经过触发而立即导通，只有再经过一定时间，待器件内的载流子通过复合而基本消失之后，晶闸管才能完全恢复正向阻断能力。晶闸管从正向阳极电流下降为零到它恢复正向阻断能力所需的这段时间称为关断时间 t_q。

晶闸管的关断时间与器件结温、关断前阳极电流的大小以及所加反向电压的大小有关。普通晶闸管的 t_q 约为几十到几百微秒。

3）断态电压临界上升率 du/dt。在额定结温和门极开路情况下，不导致晶闸管直接从断态转换到通态的最大阳极电压上升率，称为断态电压临界上升率 du/dt。晶闸管结面在阻断状态下相当于一个电容，若突然加一正向阳极电压，便会有充电电流流过结面。该充电电流流经靠近阴极的 PN 结时，产生相当于触发电流的作用。如果这个电流过大，会使元件误触发导通。

4）通态电流临界上升率 di/dt。晶闸管能承受而没有损害影响的最大通态电流上升率称通态电流临界上升率 di/dt。门极流入触发电流后，晶闸管开始只在靠近门极附近的小区域内导通，随着时间的推移，导通区才逐渐扩大到 PN 结的全部面积。如果阳极电流上升得太快，则会导致门极附近的 PN 结因电流密度过大而烧毁，使晶闸管损坏。晶闸管必须规定允许的最大通态电流上升率。

晶闸管的型号种类繁多，了解它的特性与参数是正确使用晶闸管的前提。表 1-3 列出了几种国产 KP 型晶闸管主要额定值。

表 1-3　　　　　　　　　　　　　　KP 型晶闸管主要额定值

型号	通态平均电流（A）	断态正反向重复峰值电压（V）	门极触发电压（V）	门极触发电流（A）	断态电压临界上升率 du/dt（V/μs）	通态电流临界上升率 di/dt（A/μs）
KP1	1	100～2000	≤2.5	3～310		
KP5	5	100～2000	≤3.5	5～70		
KP10	10	100～2000	≤3.5	5～100		
KP20	20	100～2000	≤3.5	5～100		
KP30	30	100～2400	≤3.5	8～150		
KP50	50	100～2400	≤3.5	8～150		
KP100	100	100～3000	≤4	10～250	25～1000	25～500
KP200	200	100～3000	≤4	10～250		
KP300	300	100～3000	≤5	20～300		
KP400	400	100～3000	≤5	20～300		
KP500	500	100～3000	≤5	20～300		
KP600	600	100～3000	≤5	30～350		
KP800	800	100～3000	≤5	30～350		
KP1000	1000	100～3000	≤5	40～400		

5. 晶闸管的型号

按国家 JB1144-75 规定，普通晶闸管型号中各部分的含义如图 1-9 所示。

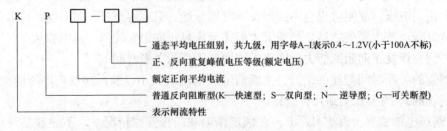

图 1-9　晶闸管型号的含义

专题 1.2　单相可控整流电路

1.2.1　单相半波可控整流电路

1. 电阻性负载

在生产实际中，有一些负载基本上是属于电阻性的，如电炉、电解、电镀、电焊及白炽灯等。电阻性负载的特点是，负载两端的电压和流过负载的电流成一定的比例关系，且两者的波形相似；负载电压和电流均允许突变。

（1）电路结构。图 1-10（a）所示为单相半波可控整流电路带电阻性负载时的电路，它由晶闸管 VT、负载电阻 R_d 和变压器 T 组成。图中，变压器 T 主要用来变换电压，同时还有隔离一、二次侧的作用。用 u_1、u_2 分别表示变压器一次侧和二次侧电压的瞬时值；i_1、i_2 分别为流过变压器一次绕组和二次绕组电流的瞬时值；u_d、i_d 分别表示整流后的输出电压、电流的瞬时值；u_{VT}、i_{VT} 分别为晶闸管两端电压的瞬时值和流过晶闸管电流的瞬时值；U_1 为一次侧电压有效值；U_2 为二次侧电压有效值。

（2）工作原理。在分析电路工作原理之前，先引入几个基本概念。

在电路中如将晶闸管换为二极管，则二极管开始流过电流的时刻称为"自然换相点"。所以在单相半波，交流电压由负过零的时刻为自然换相点，从自然换相点（晶闸管开始承受正向阳极电压时刻）起到施加触发脉冲止的电角度 α 称为"控制角"，或触发角、移相角。晶闸管在一个周期内导通的电角度 θ 称为导通角。

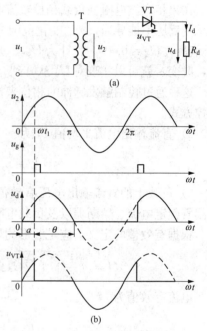

图 1-10　单相半波可控整流电路
带电阻性负载
（a）电路图；（b）波形图

在电源正半周，晶闸管 VT 承受正向电压，$\omega t < \alpha$ 期间由于未加触发脉冲 u_g，VT 处于正向阻断状态而承受全部电压 u_2，负载 R_d 中无电流流过，负载两端电压 u_d 为零。在 $\omega t = \alpha$ 时，在晶闸管门极加上触发脉冲 u_g，则晶闸管满足其导通的两个条件，晶闸管会立即导通，负载电阻上就有电流通过。此时，如果忽略晶闸管的导通压降，则负载上的电压的瞬时值 u_d 就等于电源电压的瞬时值 u_2，即负载电阻两端的电压波形 u_d 就是变压器二次侧电压 u_2 的波形。此后，晶闸管会一直导通至电源电压过零点。需要说明的一点是，由于晶闸管一旦导通后其门极便失去控制作用。当 $\omega t = \pi$ 时，电压 u_2 过零，由于电阻性负载的电压和电流波形一致，流过晶闸管的电流即负载电流也会下降到零，从而使晶闸管关断。此时，负载上的电压和电流都将消失，电路无输出，i_d、u_d 均为零。在 u_2 的负半周，晶闸管 VT 承受反压而不能导通，负载两端的电压 u_d 为零。直到 u_2 的下一个周期触发脉冲 u_g 到来后，晶闸管 VT 又被触发导通，电路工作情况又重复上述过程。各电量波形图如图 1-10（b）所示。

（3）波形分析。从波形可知，当交流电压 u_2 的每一个周期都以相同的 α 加上触发脉冲时，负载 R_d 上就能得到稳定的缺角半波的脉动直流电压及电流波形；如果改变晶闸管控制角 α 的大小，输出整流电压 u_d 波形随之改变，输出直流电压平均值 U_d 极性不变但瞬时值变化，且波形只在电源的正半周出现，因此该电路称为单相半波可控整流电路。

（4）参数计算。

1）直流输出电压平均值 U_d。设交流电源电压 $u_2 = \sqrt{2} U_2 \sin\omega t$，根据平均值定义，$u_d$ 波形的平均值为 U_d 为

$$U_d = \frac{1}{2\pi} \int_\alpha^\pi \sqrt{2} U_2 \sin\omega t \, \mathrm{d}(\omega t) = 0.45 U_2 \frac{1 + \cos\alpha}{2} \tag{1-9}$$

在单相半波电阻性负载相控整流电路中，α 在一个周期 2π 内变化时，当 $\alpha > \pi$ 时，晶闸管承受反压不能导通，α 的变化范围为 $0 \sim \pi$。当 $\alpha = \pi$ 时，U_d 值最小，$U_d = 0$；当 $\alpha = 0$ 时，U_d 值最大 $U_d = 0.45 U_2$，计为 U_{d0}。从式（1-9）分析可知直流平均电压 U_d 是控制角 α 的函数，改变 α 就可以实现对 U_d 从 0 到 $0.45 U_2$ 之间连续调节。VT 的 α 移相范围为 180°。

这种通过控制触发脉冲的相位来控制直流输出电压大小的方式称为相位控制方式，简称相控方式。

2）直流输出电流平均值 I_d 为

$$I_d = \frac{U_d}{R_d} = 0.45 \frac{U_2}{R_d} \times \frac{1 + \cos\alpha}{2} \tag{1-10}$$

3）负载上的直流输出电压有效值 U 和电流有效值 I。注意：在计算选择变压器容量、晶闸管额定电流、熔断器以及负载电阻的有功功率等，均须按有效值计算。

根据有效值的定义，应是波形的均方根值，即

$$U = \sqrt{\frac{1}{2\pi} \int_\alpha^\pi \left[\sqrt{2} U_2 \sin(\omega t) \right]^2 \mathrm{d}(\omega t)} = U_2 \sqrt{\frac{\pi - \alpha}{2\pi} + \frac{\sin 2\alpha}{4\pi}} \tag{1-11}$$

电流有效值为

$$I = \frac{U}{R_d} = \frac{U_2}{R_d} \sqrt{\frac{\pi - \alpha}{2\pi} + \frac{\sin 2\alpha}{4\pi}} \tag{1-12}$$

又因为在单相半波可控整流电路中，晶闸管与负载电阻以及变压器二次侧线圈是串联的，故流过负载的电流平均值 I_d 即是流过晶闸管的电流平均值 I_{dVT}；流过负载的电流有效值 I 也是流过晶闸管电流的有效值 I_{VT}，同时也是流过变压器二次侧线圈电流的有效值 I_2，即存在如下关系

$$I_{dVT} = I_d = \frac{U_d}{R_d} = 0.45 \frac{U_2}{R_d} \times \frac{1 + \cos\alpha}{2} \tag{1-13}$$

$$I_{VT} = I_2 = I = \frac{U_2}{R_d} \sqrt{\frac{\pi - \alpha}{2\pi} + \frac{\sin 2\alpha}{4\pi}} \tag{1-14}$$

4）电源供给的有功功率 P、视在功率 S 和功率因数 $\cos\varphi$

$$P = I^2 R_d = UI \tag{1-15}$$

$$S = U_2 I \tag{1-16}$$

$$\cos\varphi = \frac{P}{S} = \frac{UI}{U_2 I} = \frac{U_2 \sqrt{\dfrac{\pi - \alpha}{2\pi} + \dfrac{\sin 2\alpha}{4\pi}}}{U_2} = \sqrt{\frac{\pi - \alpha}{2\pi} + \frac{\sin 2\alpha}{4\pi}} \tag{1-17}$$

从式（1-17）可知，功率因数 $\cos\varphi$ 是 α 的函数。$\alpha=0°$，功率因数最大为 0.707，可见单相半波可控整流电路，尽管是电阻性负载，但由于谐波电流的存在，变压器最大利用率也仅有 70%，且 α 越大，$\cos\varphi$ 越小，说明设备的利用率越差。

5）波形系数。根据波形系数的定义，可知 $K_f = \dfrac{I}{I_d}$

$$I = \frac{U}{R_d} = \frac{U_2\sqrt{\dfrac{\pi-\alpha}{2\pi}+\dfrac{\sin2\alpha}{4\pi}}}{R_d} \tag{1-18}$$

$$I_d = \frac{U_d}{R_d} = \frac{\sqrt{2}U_2(1+\cos\alpha)}{2\pi R_d} \tag{1-19}$$

$$K_f = \frac{I}{I_d} = \frac{\sqrt{\dfrac{\pi-\alpha}{2\pi}+\dfrac{\sin2\alpha}{4\pi}}}{\dfrac{\sqrt{2}}{2\pi}(1+\cos\alpha)} = \frac{\sqrt{2\pi(\pi-\alpha)+\pi\sin2\alpha}}{\sqrt{2}(1+\cos\alpha)} \tag{1-20}$$

α 值越大，波形系数越大。$\alpha=0°$ 时，波形系数最小，$K_f=1.57$。

【例 1-1】　单相半波可控整流电路，电阻性负载，$R_d=5\Omega$，由 220V 交流电源直接供电，要求输出平均直流电压 50V。试求晶闸管的控制角 α、导通角 θ、电源容量 S 及功率因数 $\cos\phi$，并选择晶闸管 VT。

解：（1）$U_d = 0.45U_2\dfrac{1+\cos\alpha}{2}$

$$\cos\alpha = \frac{2U_d}{0.45u_2}-1 = \frac{2\times50}{0.45\times220}-1 \approx 0.01$$

$$\alpha = 89°$$

（2）$\alpha+\theta=\pi$，$\theta=\pi-\alpha=180°-89°=91°$

（3）$I = \dfrac{U}{R_d} = \dfrac{U_2\sqrt{\dfrac{\pi-\alpha}{2\pi}+\dfrac{\sin2\alpha}{4\pi}}}{R_d} \approx 22(\text{A})$

$$S = U_2 I = 220\times22 = 4840(\text{VA})$$

（4）$\cos\varphi = \dfrac{P}{S} = \dfrac{UI}{U_2 I} = \sqrt{\dfrac{\pi-\alpha}{2\pi}+\dfrac{\sin2\alpha}{4\pi}} = 0.499$

（5）元件承受的最大电压　$U_{VTM} = \sqrt{2}U_2 = \sqrt{2}\times220 = 311(\text{V})$

$$U_{VTN} = (2\sim3)U_{VTM} = (2\sim3)\times311 = 622\sim933(\text{V}) \qquad 取 800V$$

$$I_{VTN} = (1.5\sim2)\frac{I_{VTM}}{1.57} = (1.5\sim2)\times\frac{22}{1.57} = 21\sim28(\text{A}) \qquad 取 30A$$

晶闸管的型号应选用 KP30-8 型。

【例 1-2】　有一电阻性负载要求 0～24V 连续可调的直流电压，其最大负载电流 $I_d=$ 30A。试完成：

（1）若分别由 220V 交流电网直接供电与用整流变压器降至 60V 供电，都采用单相半波可控整流电路，是否都能满足要求？

（2）比较两种方案所选晶闸管的导通角、额定电压、额定电流值以及电源和变压器二次侧的功率因数和对电源的容量的要求有何不同？

（3）两种方案哪种更合理（考虑 2 倍裕量）？

解：（1）采用 220V 电源直接供电，当 $\alpha=0°$ 时

$$U_{d0}=0.45U_2=0.45\times220=99(\text{V})$$

采用整流变压器降至 60V 供电，当 $\alpha=0°$ 时

$$U_{d0}=0.45U_2=0.45\times60=27(\text{V})$$

所以只要适当调节 α 角，上述两种方案均能满足输出 $0\sim24\text{V}$ 直流电压的要求。

（2）采用 220V 电源直接供电，因为 $U_d=0.45U_2\dfrac{1+\cos\alpha}{2}$，其中在输出最大时，$U_2=220\text{V}$，$U_d=24\text{V}$ 则计算得 $\alpha\approx121°$，$\theta=180°-121°=59°$

晶闸管承受的最大电压为　$U_{\text{VTM}}=\sqrt{2}U_2=311(\text{V})$

考虑 2 倍裕量，晶闸管额定电压　$U_{\text{VTN}}=2U_{\text{VTM}}=622(\text{V})$

流过晶闸管的最大电流有效值是

$$I_{\text{VTM}}=\frac{U_2}{R_d}\sqrt{\frac{\pi-\alpha}{2\pi}+\frac{\sin2\alpha}{4\pi}}=\frac{220}{0.8}\sqrt{\frac{180°-121°}{360°}+\frac{\sin2\times121°}{4\pi}}\approx84(\text{A})$$

考虑 2 倍裕量，则晶闸管额定电流应为

$$I_{\text{VTN}}=\frac{2I_{\text{T}}}{1.57}=\frac{84\times2}{1.57}\approx107(\text{A})$$

因此，所选晶闸管的额定电压要大于 622V，额定电流要大于 107A。

电源提供的有功功率

$$P=I^2R_d=84^2\times0.8=5644.8(\text{W})$$

电源的视在功率

$$S=U_2I_2=U_2I=220\times84=18.48\text{k}(\text{VA})$$

电源侧的功率因数

$$\cos\varphi=\frac{P}{S}\approx0.305$$

采用整流变压器降至 60V 供电，已知 $U_2=60\text{V}$，$U_d=24\text{V}$

$$U_d=0.45U_2\frac{1+\cos\alpha}{2}$$

则

$$\cos\alpha=\frac{2U_d}{0.45U_2}-1$$

$$\alpha\approx39°,\ \theta=180°-39°=141°$$

晶闸管承受的最大电压为　$U_{\text{VTM}}=\sqrt{2}U_2=84.9(\text{V})$

考虑 2 倍裕量，晶闸管额定电压　$U_{\text{VTN}}=2U_{\text{VTM}}=169.8(\text{V})$

流过晶闸管的最大电流有效值是

$$I_{\text{VTM}}=\frac{U_2}{R_d}\sqrt{\frac{\pi-\alpha}{2\pi}+\frac{\sin2\alpha}{4\pi}}=\frac{60}{0.8}\sqrt{\frac{180°-39°}{360°}+\frac{\sin2\times39°}{4\pi}}\approx51.4(\text{A})$$

考虑 2 倍裕量，则晶闸管额定电流应为

$$I_{\mathrm{VTN}} = \frac{2I_{\mathrm{VT}}}{1.57} = \frac{51.4 \times 2}{1.57} \approx 65.5(\mathrm{A})$$

因此，所选晶闸管的额定电压要大于 169.8V，额定电流要大于 65.5A。

电源提供的有功功率 $P = I^2 R_{\mathrm{d}} = 51.4^2 \times 0.8 = 2113.6(\mathrm{W})$

电源的视在功率 $S = U_2 I = 60 \times 51.4 = 3.08\mathrm{kVA}$

变压器侧的功率因数 $\cos\varphi = \dfrac{P}{S} \approx 0.685$

（3）通过以上计算可以看出，增加变压器后，使整流电路的控制角减小，晶闸管的导通角增大，所选的晶闸管的额定电压、额定电流都减小，而且对电源容量的要求减小，功率因数提高，因此采用整流变压器降压的方案更合理。

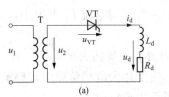

2. 电感性负载

整流电路的负载常常是电感性负载。电感性负载可以等效为电感 L_{d} 和电阻 R_{d} 串联。电机的励磁线圈、滑差电动机电磁离合器的励磁线圈以及输出串接平波电抗器的负载均属于电感负载。电感性负载的特点是电感对电流变化有抗拒作用，使得流过电感的电流不能突变。

（1）电路结构。图 1-11（a）所示为带感性负载的单相半波可控整流电路，它由整流变压器 T、晶闸管 VT、平波电抗器 L_{d} 及电阻 R_{d} 组成。图 1-11（b）所示是整流电路各电量波形图。

（2）工作原理。在 $0 \sim \omega t_1$ 区间，电源电压 u_2 虽然为正，晶闸管承受正向的阳极电压，但因没有触发脉冲，故晶闸管不会导通。负载上电压 u_{d} 和流过负载电流 i_{d} 的值均为零，晶闸管承受电源电压 u_2。

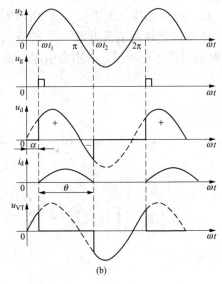

图 1-11　单相半波可控整流电路带电感性负载
（a）电路图；（b）波形图

在 ωt_1 时刻，即控制角 α 处，由于触发脉冲的到来，晶闸管被触发导通，电源电压 u_2 经晶闸管可突加在负载上，但由于电感性负载电流不可以突变，故 i_{d} 只能从零开始逐步增大。同时由于电流的增大，在电感两端产生了阻碍电流增大的感应电动势 e_{L}，方向为上正下负。此时，交流电源的能量一方面提供给电阻 R_{d} 消耗掉了，另一方面供给电感 L_{d} 作为磁场能储存起来了。

在 $\omega t = \pi$ 时，电源电压 u_2 过零变负时，电流 i_{d} 已处于减小的过程中，但还没有降低为零，在电感两端产生的感应电动势 e_{L} 是阻碍电流减小的，方向为上负下正。只要 e_{L} 比 u_2 大，晶闸管就仍受正压而处于导通状态，因此 u_2 在负半波的一段时间内，晶闸管仍继续保持导通。此时，电感将释放原先吸收的能量，其中一部分供给电阻消耗了，而另一部分供给电源即变压器二次侧线圈吸收了。

在 ωt_2 时刻，电感中的磁场能量释放完毕，电流 i_{d} 降为零，晶闸管关断且立即承受反向的电源电压。

（3）波形分析。单相半波电感性负载与电阻性负载相比，可以看出，由于电感的存在，负载电流 i_d 的波形不再与电压相似，而且由于延迟了晶闸管的关断时刻，晶闸管承受电压 u_{VT} 的波形与电阻负载时相比少了负半波的一部分；而负载上的电压 u_d 出现了负值，结果是使其平均值 U_d 比电阻负载时下降了，且 L_d 越大，延迟时间越长，u_d 负面积越大，平均值 U_d 下降越多。

由此可见，单相半波可控整流电路带大电感负载时，不管如何调节 α 角，U_d 的值总是很小，输出的直流平均电流 I_d 也很小，如不采取措施，电路就无法满足输出一定直流平均电压的要求。

3. 带续流二极管的大电感性负载

为了解决上述大电感负载时，整流输出的直流平均电压近似为零的问题，关键是使负载端电压波形不出现负值。

（1）电路结构。图 1-12（a）所示为带电感性负载加续流二极管的单相半波可控整流电路，该电路负载两端反并联一个整流二极管 VDR，称为续流二极管。注意，续流二极管 VDR 的极性不能接错，否则会引起短路。

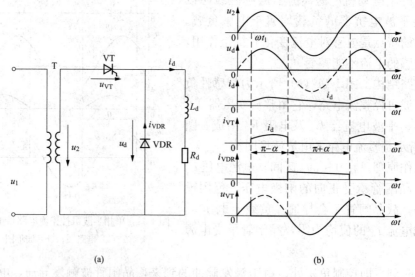

图 1-12　单相半波可控整流电路带电感性负载加续流二极管

(a) 电路图；(b) 波形图

（2）工作原理。当电源电压 u_2 为正时，晶闸管承受正压而触发导通，负载两端电压为正，续流二极管承受反压而截止，不起作用，电压波形和电流波形与不加续流二极管 VDR 时相同。

当电源电压 u_2 过零变负时，续流二极管 VDR 承受正向电压导通，此时晶闸管将由于 VDR 的导通而承受反压关断。电感 L 的感应电动势 e_L 将经过续流二极管 VDR 使负载电流 i_d 继续流通，此时电流没有流经变压器二次侧。因此，忽略 VDR 的压降，此时输出电压 u_d 为零，输出电压 u_d 波形不再有负值部分。

（3）波形分析。图 1-12 所示为该整流电路各电量的波形图，由波形图可以看出，加了续流二极管 VDR 的单相半波带大电感性负载，整流电路负载上得到的直流输出电压 u_d 的波形和电阻性负载时一样。由于大电感的作用，电流 i_d 的波形不但连续而且基本上波动很小。电感越大，电流波形就越接近一条水平线。

综上所述，在电源电压正半周，负载电流由晶闸管导通提供，电源电压负半周时，续流二极管 VDR 维持负载电流，因此负载电流是一个连续且平稳的直流电流。

（4）参数计算。由于输出电压 u_d 的波形与电阻负载时是一样的，所以电感性负载在加了续流二极管 VDR 后的直流输出电压 U_d 和直流输出电流的平均值 I_d 与电阻性负载相同。

1）直流输出电压的平均值 U_d 为

$$U_d = \frac{1}{2\pi}\int_\alpha^\pi \sqrt{2}U_2 \sin\omega t\, d(\omega t) = 0.45 U_2 \frac{1+\cos\alpha}{2} \tag{1-21}$$

2）直流输出电流的平均值 I_d 为

$$I_d = \frac{U_d}{R_d} = 0.45\frac{U_2}{R_d}\frac{1+\cos\alpha}{2} \tag{1-22}$$

3）流过晶闸管的电流平均值 I_{dVT} 和有效值 I_{VT} 分别为

$$I_{dVT} = \frac{1}{2\pi}\int_\alpha^\pi i_T\, d(\omega t) = \frac{\pi-\alpha}{2\pi} I_d \tag{1-23}$$

$$I_{VT} = \sqrt{\frac{1}{2\pi}\int_\alpha^\pi i_T^2\, d(\omega t)} = \sqrt{\frac{\pi-\alpha}{2\pi}}\, I_d \tag{1-24}$$

4）流过续流二极管的电流平均值 I_{dDR} 和有效值 I_{DR} 分别为

$$I_{dDR} = \frac{1}{2\pi}\int_\pi^{2\pi+\alpha} i_D\, d(\omega t) = \frac{\pi+\alpha}{2\pi} I_d \tag{1-25}$$

$$I_{DR} = \sqrt{\frac{1}{2\pi}\int_\pi^{2\pi+\alpha} i_D^2\, d(\omega t)} = \sqrt{\frac{\pi+\alpha}{2\pi}}\, I_d \tag{1-26}$$

晶闸管和续流二极管承受的最大电压为 $\sqrt{2}U_2$，移相范围与电阻性负载时相同，仍是 $0°\sim180°$。

单相半波可控整流电路具有电路简单，调整方便等优点，但由于它是半波整流，故输出的直流电压、电流脉动大，变压器利用率低且二次侧通过含直流分量的电流，使变压器存在直流磁化现象。为使变压器铁心不饱和，就需要增大铁心面积，这样就增大了设备的容量。在生产实际中只用于一些对输出波形要求不高的小容量的场合。在中小容量、负载要求较高的晶闸管的可控整流装置中，较常用的是单相全控桥式整流电路。

【例 1-3】　中、小型发电机采用的单相半波自激稳压可控整流电路。当发电机满负载运行时，相电压为 220V，要求的励磁电压为 40V。已知，励磁线圈的电阻为 2Ω，电感量为 0.1H。试求：晶闸管及续流管的电流平均值和有效值各是多少，并选择晶闸管的型号。

解：先求控制角 α。

因为 $U_d = 0.45 U_2 \dfrac{(1+\cos\alpha)}{2}$，$\cos\alpha = \dfrac{2U_d}{0.45 U_2} - 1 = \dfrac{2\times 40}{0.45\times 220} - 1 = -0.192$

所以　　　　　　　　　　　　　　　　　　$\alpha \approx 101°$

则　　　　　　$\theta_{VT} = \pi - \alpha = 180° - 101° = 79°$，$\theta_{VD} = \pi + \alpha = 180° + 101° = 281°$

由于 $\omega L_d = 2\pi f L_d = (2\times 3.14\times 50\times 0.1)\Omega = 31.4\Omega \gg R_d = 2\Omega$，所以为大电感负载，各电量分别计算如下

$$I_d = \frac{U_d}{R_d} = \frac{40}{2} = 20(\text{A})$$

$$I_{dVT} = \frac{\pi - \alpha}{2\pi} I_d = \frac{180° - 101°}{360°} \times 20\text{A} = 4.4(\text{A})$$

$$I_{VT} = \sqrt{\frac{\pi - \alpha}{2\pi}} I_d = \sqrt{\frac{180° - 101°}{360°}} \times 20\text{A} = 9.4(\text{A})$$

$$I_{dDR} = \frac{\pi + \alpha}{2\pi} I_d = \frac{180° + 101°}{360°} \times 20\text{A} = 15.6(\text{A})$$

$$U_{TM} = \sqrt{2} U_2 = 312(\text{V})$$

根据以上计算选择晶闸管型号，考虑如下：

$U_{VTN} = (2 \sim 3) \times 312\text{V} = 624 \sim 936(\text{V})$，取 700V；

$$I_{VTN} = (1.5 \sim 2)\frac{I_{VT}}{1.57} = (1.5 \sim 2)\frac{9.4}{1.57} = 9 \sim 12(\text{A})，取 10A。$$

故晶闸管型号应选择 KP10-7。

1.2.2　单相全控桥式整流电路

单相半波整流电路结构简单，调试方便，投资小，但只有半周工作，输出的直流电压脉动大，整流变压器利用率低，一般只用在小容量且要求不高的场合。为了克服这些缺点，可以采用下面介绍的单相全控桥式整流电路。

1. 电阻性负载

（1）电路结构。单相全控桥式整流电路如图 1-13（a）所示，四只晶闸管 VT1、VT2、VT3、VT4 组成桥臂。其中 VT1、VT2 阴极相连，为共阴极接法，VT3、VT4 阳极相连，为共阳极接法。晶闸管 VT1 和 VT4 组成一对桥臂，晶闸管 VT2 和 VT3 组成另一对桥臂。

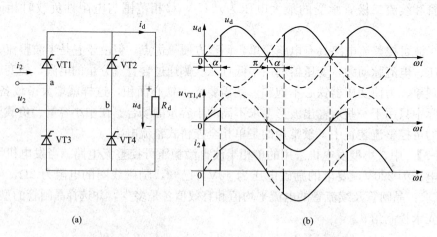

(a)　　　　　　　　　　　　(b)

图 1-13　单相全控桥式整流电路带电阻性负载
(a) 电路图；(b) 波形图

（2）工作原理。当交流电压 u_2 为正半周时（即 a 端为正，b 端为负），在相当于控制角的时刻给 VT1 和 VT4 同时加触发脉冲，VT1 和 VT4 即导通。这时，电流从电源 a 端经 VT1、负载 R_d 及 VT4 回电源 b 端，负载上得到的电压 u_d 为电源电压 u_2，方向为上正下负，VT2 和 VT3 则因为 VT1 和 VT4 的导通而承受反向的电源电压 u_2 而截止。当电源电压过零时，电流也降到零，VT1 和 VT4 即关断。当交流电压 u_2 过零变负时（即 a 端为负，b端为正），仍在控制角处触发晶闸管 VT2 和 VT3，则 VT2 和 VT3 导通。电流从电源 b 端经VT2、负载 R_d 及 VT3 回到电源 a 端，负载上得到的电压 u_d 仍为电源电压 u_2，方向仍为上正下负，与正半周一致，此时，VT1 和 VT4 因为 VT2 和 VT3 的导通承受反向的电源电压u_2 而处于截止状态。直到电源电压 VT3 负半周结束，电压 u_2 过零时，电流也过零，使得VT2 和 VT3 关断。下一周期重复上述过程。

（3）波形分析。图 1-13（b）所示为单相全控桥式整流电路带电阻性负载时各电量的波形图，由波形可以看出，负载上得到的直流输出电压 u_d 的波形与半波时相比多了一倍，负载电流 i_d 的波形与电压 u_d 波形相似。由晶闸管所承受的电压 u_{VT} 可以看出，其导通角为 θ，除在晶闸管导通期间不受电压外，当一组管子导通时，电源电压 u_2 将全部加在未导通的晶闸管上，而在四只管子都不导通时，假设其漏电阻都相同，则每只管子将承受电源电压的一半。因此，晶闸管所承受的最大反向电压为 $\sqrt{2}U_2$，而其承受的最大正向电压为 $\dfrac{\sqrt{2}U_2}{2}$。

（4）参数分析。

1）直流输出电压的平均值 U_d 为

$$U_d = \frac{1}{\pi} \int_{\alpha}^{\pi} \sqrt{2}U \sin\omega t \, \mathrm{d}(\omega t) = 0.9U_2 \frac{1+\cos\alpha}{2} \tag{1-27}$$

由式（1-27）可知，输出电压平均值是半波电路的两倍。当 $\alpha = 0°$ 时，相当于不可控桥式整流，此时输出电压最大，即 $U_{d0} = 0.9U_2$；当 $\alpha = 180°$ 时，输出电压为 0，即 $U_d = 0$；即控制角 α 移相范围为 $180°$，输出直流电压平均值从 $0.9U_2 \sim 0$ 之间连续可调。

2）负载上得到的直流输出电压的有效值 U 为

$$U = \sqrt{\frac{1}{\pi} \int_{\pi}^{\alpha} \left[\sqrt{2}U_2 \sin(\omega t)\right]^2 \mathrm{d}(\omega t)} = U_2 \sqrt{\frac{\pi-\alpha}{\pi} + \frac{\sin 2\alpha}{2\pi}} \tag{1-28}$$

3）直流输出电流的平均值 I_d 为

$$I_d = \frac{U_d}{R_d} = 0.9 \frac{U_2}{R_d} \times \frac{1+\cos\alpha}{2} \tag{1-29}$$

变压器二次侧电流有效值 I_2 与负载电流有效值 I 相等，即

$$I_2 = I = \frac{U}{R_d} = \frac{U_2}{R_d} \sqrt{\frac{\pi-\alpha}{\pi} + \frac{\sin 2\alpha}{2\pi}} \tag{1-30}$$

4）流过晶闸管的电流平均值 I_{dVT} 和有效值 I_{VT} 为

$$I_{dVT} = \frac{1}{2} I_d \tag{1-31}$$

$$I_{VT} = \sqrt{\frac{1}{2}} I = \sqrt{\frac{1}{2}} I_2 \tag{1-32}$$

电源供给的有功功率为

$$P = I^2 R = U I_2 \tag{1-33}$$

电路的功率因数

$$\cos\varphi = \frac{P}{S} = \frac{U I_2}{U_2 I_2} = \sqrt{\frac{1}{2\pi}\sin 2\alpha + \frac{\pi-\alpha}{\pi}} \tag{1-34}$$

【例 1-4】 已知某单相桥式全控整流电路给电阻性负载供电，要求整流输出电压 U_d 能在 0～100V 内连续可调，负载最大电流为 20A。试计算：

（1）由 220V 交流电网直接供电时，晶闸管的控制角 α 和电流有效值 I_{VT}、电源容量 S，及 $U_d = 30V$ 时电源的功率因数 $\cos\varphi$。

（2）采用降压变压器供电，并考虑最小控制角 $\alpha_{min} = 30°$ 时，变压器变压比 k 及 $U_d = 30V$ 时电源的功率因数 $\cos\varphi$。

解：（1）当 $U_d = 100V$ 时，由 $U_d = 0.9 U_2 \dfrac{1+\cos\alpha}{2}$ 可得

$$\cos\alpha = \frac{2U_d}{0.9 U_2} - 1 = \frac{2 \times 100}{0.9 \times 220} - 1 = 0.010\ 1,\quad \alpha \approx 90°$$

当 $U_d = 0V$ 时，$\alpha = 180°$。所以控制角在 90°～180°内变化。

负载电流有效值为

$$I = \frac{U_2}{R_d}\sqrt{\frac{\pi - \alpha}{\pi} + \frac{\sin 2\alpha}{2\pi}}$$

其中

$$R_d = \frac{U_{dmax}}{I_{dmax}} = \frac{100}{20} = 5(\Omega)$$

当 $\alpha = 90°$ 时，$I = 31A$，流过晶闸管的电流有效值为 $I_{VT} = \sqrt{\dfrac{1}{2}}I = 22(A)$。

电源容量为

$$S = U_2 I_2 = U_2 I = 6820(VA)$$

当 $U_d = 30V$ 时，$\alpha = 134.2°$，此时电源的功率因数为

$$\cos\varphi = \sqrt{\frac{1}{2\pi}\sin 2\alpha + \frac{\pi - \alpha}{\pi}} = 0.31$$

（2）当采用降压变压器，$U_1 = 220V$，$\alpha_{min} = 30°$ 时，$U_{dmax} = 100V$。所以变压器二次侧电压为

$$U_2 = \frac{U_d}{0.45(1 + \cos\alpha)} = 119(V)$$

则变比

$$k = \frac{U_1}{U_2} = \frac{220}{119} \approx 2$$

当 $U_d = 30V$，$\alpha = 116°$ 时，此时电源的功率因数为

$$\cos\varphi = \sqrt{\frac{1}{2\pi}\sin 2\alpha + \frac{\pi - \alpha}{\pi}} = 0.48$$

由此可见，在计算晶闸管、变压器电流时应计算最大值。整流变压器的作用不仅能使整流电路与交流电网隔离，还可以通过合理选择 U_2，提高电源功率因数、降低晶闸管所承受电压的最大值和减小电源容量，防止相控整流电路中高次谐波对电网的影响。

2. 电感性负载

图 1-14（a）所示为单相全控桥式电感性负载时的整流电路。假设电感很大，输出电流连续，且电路处于稳态。

（1）电路结构。单相全控桥式电感性负载整流电路由整流变压器 T、四只晶闸管 VT1～VT4、平波电抗器 L_d、负载电阻 R_d 等组成。

（2）工作原理。当电源 u_2 为正半周时，在相当于 α 角的时刻给 VT1 和 VT4 同时加触发脉冲，则 VT1 和 VT4 会导通，输出电压为 $u_d = u_2$。负载电流流过的路径为 $a-VT1-L_d$

$-R_d-$VT4$-$b。当 u_2 电源过零变负时，由电感产生的感应电动势会使 VT1 和 VT4 继续导通，负载的输出电压仍为 $u_d=u_2$，所以出现了输出电压为负的情况。此时，晶闸管 VT2 和 VT3 虽然已承受正向电压，但还没有触发脉冲，所以不会导通。直到在负半周相当于 α 角时刻，给 VT2 和 VT3 同时加触发脉冲，则因 VT2 的阳极电位比 VT1 高，VT3 的阴极电位比 VT4 的低，故 VT2 和 VT3 被触发导通，分别替换了 VT1 和 VT4，而 VT1 和 VT4 将由于 VT2 和 VT3 的导通承受反压而关断，负载电流也改为经过 VT2 和 VT3 了。负载电流流过的路径为 b$-$VT3$-L_d-R_d-$VT2$-$a。

（3）波形分析。前面所讲电路中的换流，都是在换流的瞬间，利用电源电压 u_2 的极性使待触发的晶闸管承受正向电压触发导通。同时，使已导通的管子承受反向电压而关断。这种负载电流的供给从一组管子换成另一组管子，都是自然进行的，不需要其他措施，称为自然换流或电源换流。

图 1-14（b）所示为单相全控桥式整流电路带电感性负载时的各电量的波形图，由波形图可知，负载电压、电流的波形与电阻性负载相比，u_d 的波形出现了负半波部分。i_d 的波形则是连续的近似的一条直线，这是由于电感中的电流不能突变，电感起到了平波的作用，电感越大则电流波形越平稳。流过每只晶闸管的电流则近似为方波，变压器二次侧电流 i_2 波形为正负对称的方波，晶闸管移相范围为 $90°$，晶闸管承受的最大正向、反向电压均为 $\sqrt{2}U_2$。

（4）参数计算。

1）输出直流电压平均值 U_d 为

$$U_d=0.9U_2\cos\alpha \tag{1-35}$$

2）输出直流电流平均值 I_d 为

$$I_d=I=\frac{U_d}{R_d} \tag{1-36}$$

3）流过晶闸管的电流平均值 I_{dVT}、有效值 I_{VT} 分别为

$$I_{dVT}=\frac{1}{2}I_d \tag{1-37}$$

$$I_{VT}=\sqrt{\frac{1}{2}}I_d \tag{1-38}$$

4）负载消耗的有功功率 P、功率因数 $\cos\varphi$ 分别为

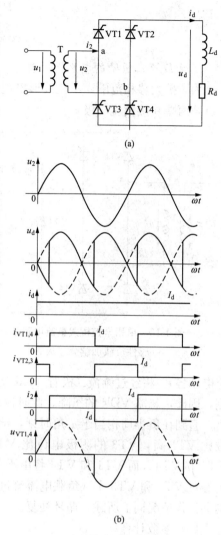

图 1-14　单相全控桥式整流
电路带电感性负载
（a）电路图；（b）波形图

$$P = U_R I_R = U_d I_d \tag{1-39}$$

$$\cos\varphi = \frac{P}{S} = 0.9\cos\alpha \tag{1-40}$$

3. 带续流二极管的电感性负载

为了扩大移相范围，不让波形出现负值以及使输出电流更平稳，提高 U_d 的值，可在电路负载两端并接续流二极管。

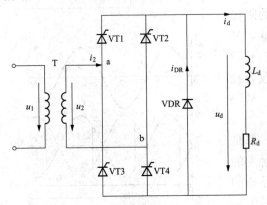

图 1-15　单相全控桥式整流电路带电
感性负载加续流二极管

（1）电路结构。带续流二极管的电感性负载单相全控桥式整流电路由整流变压器 T、四只晶闸管、续流二极管 VDR、平波电抗器 L_d、负载电阻 R_d 等组成，如图 1-15 所示。

（2）工作原理。当电源 u_2 为正半周时，同电感性负载一样，VT1 和 VT4 在 α 角的时刻会触发导通，输出电压为 $u_d = u_2$。负载电流流过的路径为 a—VT1—L_d—R_d—VT4—b。

当电源电压 u_2 过零变负时，续流二极管 VDR 承受正向电压导通，此时晶闸管将由于 VDR 的导通而承受反压关断。电感 L_d 的感应电动势 e_L 将经过续流二极管 VDR 使负载电流 i_d 继续流通，此电流没有流经变压器二次侧，因此，忽略 VDR 的压降，此时输出电压 u_d 为零，输出电压 u_d 波形不再有负值部分。

直到在负半周相当于 α 角时刻，给 VT2 和 VT3 同时加触发脉冲，则因 VT2 的阳极电位比 VT1 高，VT3 的阴极电位比 VT4 的低，故 VT2 和 VT3 被触发导通，分别替换了 VT1 和 VT4，而 VT1 和 VT4 将由于 VT2 和 VT3 的导通承受反压而关断，负载电流也改为经过 VT2 和 VT3 了（负载电流流过的路径为：b—VT3—L_d—R_d—VT2—a）。u_2 的下一周期工作情况同上所述，循环往复。

（3）参数计算。

1）输出电压平均值为

$$U_d = 0.9 U_2 \frac{1 + \cos\alpha}{2} \tag{1-41}$$

2）输出电流平均值为

$$I_d = \frac{U_d}{R_d} \tag{1-42}$$

3）流过晶闸管的电流平均值 I_{dVT} 和有效值 I_{VT} 分别为

$$I_{dVT} = \frac{1}{2\pi} \int_{\alpha}^{\pi} i_T d(\omega t) = \frac{\pi - \alpha}{2\pi} I_d \tag{1-43}$$

$$I_{VT} = \sqrt{\frac{\pi - \alpha}{2\pi}} I_d \tag{1-44}$$

4）流过续流二极管的电流平均值 I_{dDR} 和有效值 I_{DR} 分别为

$$I_{dDR} = \frac{2\alpha}{2\pi} I_d = \frac{\alpha}{\pi} I_d \tag{1-45}$$

$$I_{DR} = \sqrt{\frac{\alpha}{\pi}}\, I_d \qquad\qquad (1\text{-}46)$$

【例 1-5】　单相桥式全控整流电路带大电感负载，$U_2 = 220\text{V}$，$R_d = 4\Omega$，试计算：

（1）当 $\alpha = 60°$ 时，输出电压、电流的平均值以及流过晶闸管的电流平均值和有效值。

（2）若负载两端并接续流二极管，则输出电压、电流的平均值又是多少？流过晶闸管和续流二极管的电流平均值和有效值又是多少？

解：（1）不接续流二极管时，由于是大电感负载，故得

$$U_d = 0.9U_2\cos\alpha = 0.9 \times 220 \times \cos 60° = 99(\text{V})$$

$$I_d = \frac{U_d}{R_d} = \frac{99}{4} = 24.75(\text{A})$$

负载电流是由两组晶闸管轮流导通提供的，所以流过晶闸管的电流平均值 I_{dVT} 和有效值 I_{VT} 分别为

$$I_{dVT} = \frac{1}{2}I_d = \frac{1}{2} \times 24.75 = 12.38(\text{A})$$

$$I_{VT} = \sqrt{\frac{1}{2}}\, I_d = \sqrt{\frac{1}{2}} \times 24.75 = 17.5(\text{A})$$

（2）加接续流二极管后，由于此时没有负电压输出，电压波形和电路带电阻性负载时一样，所以输出电压平均值 U_d 为

$$U_d = 0.9U_2\frac{1+\cos\alpha}{2} = 0.9 \times 220 \times \frac{1+\cos 60°}{2} = 148.5(\text{V})$$

输出电流的平均值 I_d 为

$$I_d = \frac{U_d}{R_d} = \frac{148.5}{4} = 37.13(\text{A})$$

流过晶闸管的电流平均值 I_{dVT} 和有效值 I_{VT} 分别为

$$I_{dVT} = \frac{\pi-\alpha}{2\pi}I_d = \frac{180°-60°}{360°} \times 37.13 = 12.38(\text{A})$$

$$I_{VT} = \sqrt{\frac{\pi-\alpha}{2\pi}}\, I_d = \sqrt{\frac{180°-60°}{360°}} \times 37.13 = 21.44(\text{A})$$

流过续流二极管的电流平均值 I_{dDR} 和有效值 I_{DR} 分别为

$$I_{dDR} = \frac{\alpha}{\pi}I_d = \frac{60°}{180°} \times 37.13 = 12.38(\text{A})$$

$$I_{DR} = \sqrt{\frac{\alpha}{\pi}}\, I_d = \sqrt{\frac{60°}{180°}} \times 37.13 = 21.44(\text{A})$$

4. 反电动势负载

反电动势负载是指本身含有直流电动势 E，且其方向对电路中的晶闸管而言是反向电压的负载，电路如图 1-16（a）所示。属于此类的负载有蓄电池、直流电动机的电枢等。

（1）电路结构。反电动势负载单相全控整流电路由整流变压器、四只晶闸管、负载电阻 R、电动势 E 组成。

（2）工作原理。在 ωt_1 之前的区间，虽然电源电压 u_2 是在正半周，但由于反电动势 E 的数值大于电源电压 u_2 的瞬时值，晶闸管仍是承受反向电压，处于截止状态。此时，负载

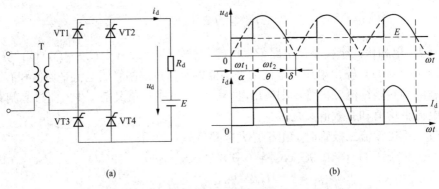

图 1-16　单相全控桥式整流电路带反电动势负载

(a) 电路图；(b) 波形图

两端的电压等于其本身的电动势 E，但没有电流流过，晶闸管两端承受的电压为 $u_{VT} = u_2 - E$。

ωt_1 之后，电源电压 u_2 已大于反电动势 E，晶闸管开始承受正向电压，但在 ωt_2 之前没有加触发脉冲，晶闸管仍处于正向阻断状态。在 ωt_2 时刻，给 VT1 和 VT4 同时加触发脉冲，VT1 和 VT4 导通，输出电压为 $u_d = u_2$。负半周时情况一样，触发的是 VT2 和 VT3。当晶闸管导通时，负载电流 $i_d = (u_2 - E)/R$。所以，在 $u_2 = E$ 的时刻，i_d 降为零，晶闸管关断。与电阻性负载相比，晶闸管提前了 δ 角度关断，δ 称为停止导通角。

带反动势负载的单相全控桥式整流电路中，负载的波形如图 1-16 (b) 所示。

在 α 角相同时，整流输出电压比电阻负载时大。$\alpha < \delta$ 时，触发脉冲到来时，晶闸管承受负电压，不可能导通。为了使晶闸管可靠导通，要求触发脉冲有足够的宽度，保证当 $\omega t = \delta$ 时刻有晶闸管开始承受正电压时，触发脉冲仍然存在。这样，相当于触发角被推迟为 δ。负载为直流电动机时，如果出现电流断续则电动机的机械特性将很软。

为了克服此缺点，一般在主电路中直流输出侧串联一个平波电抗器 L_d，用来减少电流的脉动和延长晶闸管导通的时间，如图 1-17 所示。只要电感足够大，负载电流就会连续。

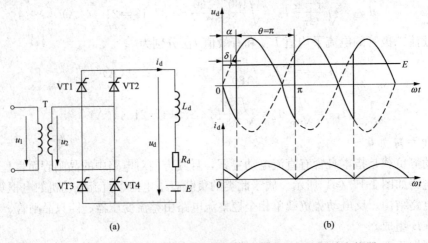

图 1-17　单相全控桥式整流电路带反电动势负载串平波电抗器

(a) 电路图；(b) 电流临界连续时的波形

直流输出电压和电流的波形与电感性负载时一样。此时，整流电压 U_d 的波形和负载电流 I_d 的波形与电感负载电流连续时的波形相同，U_d 的计算公式与电感负载时一样，但直流输出电流 I_d 为 $I_d = (U_d - E)/R$。

1.2.3 单相半控桥式整流电路

在单相全控桥式整流电路中，需要四只晶闸管，每次都要同时触发两只晶闸管，用两只晶闸管来控制同一个导电回路，线路较为复杂。为了简化电路，可以采用一只晶闸管来控制导电回路，然后用一只整流二极管来代替另一只晶闸管。因此，可以把全控桥式整流电路中的晶闸管 VT3 和 VT4 换成二极管 VD3 和 VD4，就构成了单相半控桥式整流电路。

1. 电阻性负载

（1）电路结构。单相半控桥式整流电路带电阻性负载时的电路如图 1-18（a）所示。图中 T 是整流变压器，VT1、VT2 是晶闸管，VD3、VD4 是整流二极管。

（2）工作原理。单相半控桥式整流电路在电阻性负载时的工作情况与单相全控桥式整流电路类似，两只晶闸管 VT1、VT2 仍是共阴极连接，即使同时触发两只管子，也只能是阳极电位高的晶闸管导通。而两只二极管是共阳极连接，总是阴极电位低的二极管导通。因此，在电源 u_2 正半周一定是 VD4 正偏导通，在 u_2 负半周一定是 VD3 正偏导通。所以，在电源正半周时，触发晶闸管 VT1 导通，二极管 VD4 正偏导通，电流由电源 a 端经 VT1 和负载 R_d 及 VD4，流回电源 b 端，若忽略两管

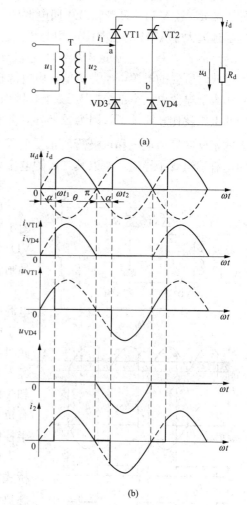

图 1-18 单相半控桥式整流电路带电阻性负载
(a) 电路图；(b) 波形图

的正向导通压降，则负载上得到的直流输出电压就是电源电压 u_2，即 $u_d = u_2$。在电源负半周时，触发 VT2 导通，电流由电源 b 端经 VT2 和 VD3 及负载 R_d，流回电源 a 端，输出仍是 $u_d = u_2$，在负载上得到的输出波形与全控桥带电阻性负载时是一样的。因此，单相全控桥式整流电路的直流输出公式均适合单相半控桥整流电路。流过整流二极管的电流平均值和有效值与流过晶闸管的电流平均值和有效值相同，即

$$I_{dVD} = I_{dVT} = 0.45 \frac{U_2}{R} \times \frac{1 + \cos\alpha}{2} \tag{1-47}$$

$$I_{VD} = I_{VT} = \frac{U_2}{R_d} \sqrt{\frac{\pi - \alpha}{2\pi} + \frac{\sin 2\alpha}{4\pi}} = \frac{1}{\sqrt{2}} I \tag{1-48}$$

（3）波形分析。带电阻性负载的单相半控桥式整流电路中各电量的波形如图 1-18（b）

所示，由波形图中 u_{VT1} 的波形可知，晶闸管 VT1 所承受的电压，除其本身导通时不承受电压，以及当晶闸管 VT2 导通时将电源电压加到了 VT1 的两端外，再就是当四个管子都不导通时，还分两种情况。一是在电源正半周 VT1 还没导通之前，即在 $0\sim\omega t_1$ 区间，此时由电源的正端 a，经 VT1、R_d 和 VD4 回电源的负端 b 端的回路存在漏电流，此时 VT1 的正向漏电阻远远大于 VD4 的正向漏电阻与 R_d 之和，这就相当于电源电压全部加在了 VT1 上，即 $u_{VT1}=u_2$；二是在电源负半周 VT2 还没导通之前，即在 $\pi\sim\omega t_2$ 区间，同上述分析一样，只不过此时所受的电源电压为负值，由电源正端 b 端，经 VT2、R_d 和 VD3 回电源的负端 a 端，相当于电源电压全部加在 VT2 上，因而 VT1 两端电压约为 0V，即 $u_{VT1}=0$。二极管所承受的电压就比较简单了，因为二极管只会承受负电压，且由波形图可知，晶闸管所承受的最大的正反向峰值电压和二极管所承受的最大反向电压的峰值均为 $\sqrt{2}U_2$。变压器因在正负半周均有一组管子导通，所以其二次侧电流 i_2 的波形是正负对称的缺角的正弦波。

2. 电感性负载

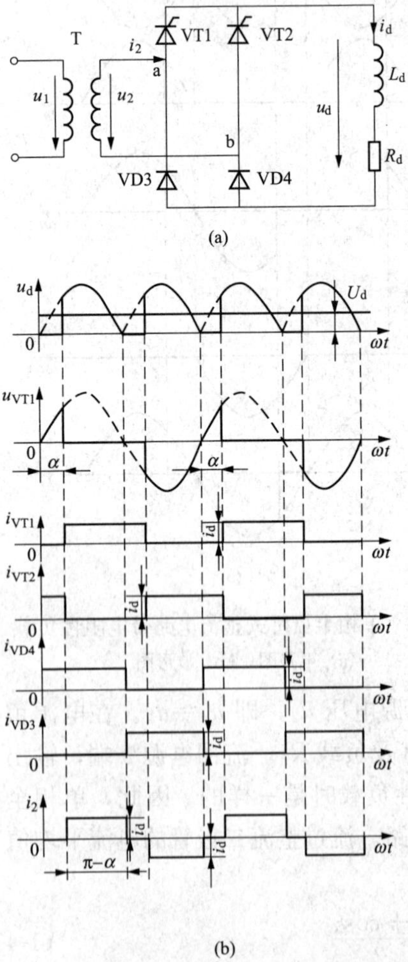

单相半控桥式整流电路带电感性负载时电路如图 1-19（a）所示。在 u_2 电压的正半周内，二极管 VD4 处于正偏状态，在相当于控制角 α 的时刻触发晶闸管 VT1，则 VT1 和 VD4 导通，电源由 a 端经 VT1 和 VD4 向负载供电，负载上得到的电压 u_d 为电源电压 u_2，方向为上正下负。当 u_2 过零变负时，由于电感感应电动势的作用，VT1 将继续导通。但此时 VD3 正偏导通，而 VD4 反偏截止，负载电流 i_d 经 VD3、VT1 流通。此时，整流桥输出电压为 VT1 和 VD3 的正向压降，接近于零，整流输出电压 u_d 没有负半波，这种现象叫做自然续流。在这一点上，半控桥式和全控桥式是不同的。

由图 1-19（b）所示的带电感性负载的单相半控桥式整流电路的各个电量波形图可以看出，带大电感负载时的直流输出电压 u_d 的波形和其带电阻性负载时的波形一样。但直流输出电流 i_d 的波形由于电感的平波作用而变为一条直线。晶闸管所承受电压 u_{VT} 的波形没变，而流过晶闸管电流的波形变成了矩形波，其导通角为 π。流过二极管的电流也是矩形波，其导通角也为 π。变压器二次侧的电流 i_2 为正负对称的矩形波。

综上所述，单相半控桥式整流电路带大电感负载时的工作特点是：晶闸管在触发时刻换流，二极管则在电源电压过零时换流；电路本身就具有自然续流作用；由于自然续流的作用，整流输出电压 u_d 的波形与全控桥式电路带电阻性负载相同，α 的移相范围为 $0°\sim180°$，U_d、I_d 的计算公式和全控桥带电

图 1-19　单相半控桥式整流
电路带电感性负载
（a）电路图；（b）波形图

阻性负载时相同；流过晶闸管和二极管的电流都是宽度为 180° 的矩形波，交流侧电流为正负对称的交变矩形波。

3. 带续流二极管的电感性负载

单相半控桥式整流电路带大电感性负载时虽本身有自然续流能力，似乎不需要另接续流二极管，但在实际运行中，当突然把控制角增大到 180° 以上或突然切断触发电路时，会发生正在导通的晶闸管一直导通，两个二极管轮流导通的现象，u_d 仍会有输出，但波形是单相半波不可控的整流波形，此时，触发脉冲对输出电压失去了控制作用，这种现象称为失控。失控现象在实际使用中是不允许的，为消除失控，带电感性负载的单相半控桥式整流电路还需在负载两端反并接续流二极管 VDR，如图 1-20（a）所示。

加上续流二极管之后，当 u_2 电压过零变负时，负载电流经续流二极管 VDR 续流，整流桥输出端只有不到 1V 的压降，迫使晶闸管与二极管串联电路中的电流降到晶闸管的维持电流以下，使晶闸管关断，这样就不会出现"失控"现象了。

加了续流二极管的电路各电量波形如图 1-20（b）所示，由波形图可以看出，输出电压 u_d 和输出电流 i_d 的波形没变。但原先经过桥臂续流的电流都转移到了续流二极管上。各电量的数量关系如下。

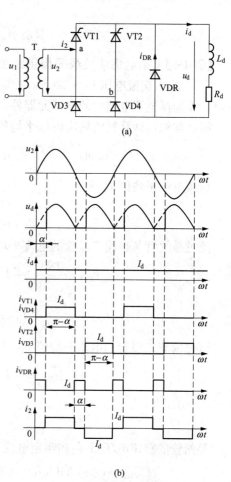

图 1-20　单相半控桥式整流电路
带电感性负载加续流二极管
（a）电路图；（b）波形图

输出电压平均值 U_d 为

$$U_d = \frac{1}{\pi} \int_\alpha^\pi \sqrt{2} U_2 \sin\omega t\, \mathrm{d}(\omega t) = \frac{2\sqrt{2} U_2}{\pi} \times \frac{1+\cos\alpha}{2} = 0.9 U_2 \frac{1+\cos\alpha}{2} \tag{1-49}$$

输出电流平均值 I_d 为

$$I_d = \frac{U_d}{R_d} = 0.9 \frac{U_2}{R_d} \times \frac{1+\cos\alpha}{2} \tag{1-50}$$

流过晶闸管的电流平均值 I_{dVT} 和有效值 I_{VT} 分别为

$$I_{dVT} = \frac{\theta_{VT}}{2\pi} I_d = \frac{\pi-\alpha}{2\pi} I_d \tag{1-51}$$

$$I_{VT} = \sqrt{\frac{\theta_{VT}}{2\pi}} I_d = \sqrt{\frac{\pi-\alpha}{2\pi}} I_d \tag{1-52}$$

流过续流二极管的电流平均值 I_{dDR} 和有效值 I_{DR} 分别为

$$I_{dDR} = \frac{\theta_{DR}}{2\pi} I_d = \frac{\alpha}{\pi} I_d \tag{1-53}$$

$$I_{DR} = \sqrt{\frac{\theta_{DR}}{2\pi}} I_d = \sqrt{\frac{\alpha}{\pi}} I_d \qquad (1\text{-}54)$$

【例 1-6】　某电感性负载采用带续流管的单相半控桥电路供电。已知电感线圈的内阻 $R_d = 5\Omega$，输入交流电压 $u_2 = 220V$，控制角 $\alpha = 60°$。试求晶闸管与续流管的电流平均值及有效值，并选择整流电路中的电子元器件。

解：首先，计算整流输出电压平均值 U_d 为

$$U_d = 0.9U_2 \frac{1+\cos\alpha}{2} \approx 0.9 \times 220 \times \frac{1+\cos60°}{2} = 149(V)$$

负载电流平均值 I_d 为

$$I_d = \frac{U_d}{R_d} = \frac{149}{5} \approx 30(A)$$

流过晶闸管与整流二极管的电流平均值 I_{dVT} 与有效值 I_{VT} 分别为

$$I_{dVT} = \frac{180°-\alpha}{360°} I_d = \frac{180°-60°}{360°} \times 30 = 10(A)$$

$$I_{VT} = \sqrt{\frac{\pi-\alpha}{2\pi}} I_d = \sqrt{\frac{180°-60°}{360°}} \times 30 = 17.3(A)$$

流过续流二极管的电流平均值 I_{dVD} 与有效值 I_{VD} 分别为

$$I_{dVD} = \frac{\alpha}{\pi} I_d = \frac{60°}{180°} \times 30 = 10(A)$$

$$I_{VD} = \sqrt{\frac{\alpha}{\pi}} I_d = \sqrt{\frac{60°}{180°}} \times 30 = 17.3(A)$$

晶闸管的额定电压 U_{VTN} 和额定电流 I_{VTN} 分别为

$$U_{VTN} = (2 \sim 3)U_{VTM} = (2 \sim 3) \times \sqrt{2} \times 220V = 622 \sim 933(V)$$

$$I_{VTN} = (1.5 \sim 2)\frac{I_T}{1.57} = (1.5 \sim 2) \times \frac{17.3}{1.57} = 16.5 \sim 22(A)$$

取系列值

$$I_{VTN} = 20A, \quad U_{VTN} = 800V$$

晶闸型号应选择为 KP20-8；整流管及续流管型号应选择为 KZ20-8。

4. 反电动势负载

图 1-21 所示为单相半控桥式整流电路带反电动势负载直流电动机电枢时的应用电路，其中 R_D 是电动机电枢的电阻，平波电抗器 L_d 是用来减小电流脉动和使电流连续的，VDR 是为了防止失控现象而加的续流二极管。该电路输出电压、电流波形读者可自行分析。

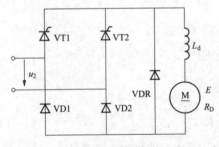

图 1-21　单相半控桥式整流电路带反电动
势负载电路图

单相半控桥式整流电路除具备全控桥电路的脉动小、变压器利用率高、没有直流磁化现象等优势外，还比全控桥电路少了两只晶闸管，因此，电路比较简单、经济。但半控桥电路不能进行逆变，不能用于可逆运行的场合，只在仅

需整流的不可逆小容量场合广泛应用。

在实际应用中还有一些其他类型的单相整流电路，其分析方法与前相似。

专题 1.3 三相可控整流电路

1.3.1 三相半波可控整流电路

1. 电阻性负载

（1）电路组成。三相半波可控整流电路带电阻性负载时电路如图 1-22 所示。图中，T 是整流变压器。为了得到中性线，整流变压器的二次绕组接成星形，一次绕组多接成三角形，使三次谐波能够通过，减小高次谐波对电网的影响。三个晶闸管的阳极分别和变压器二次绕组相连，它们的阴极接在一起，这种接法称为共阴极接法。负载电阻接在共阴极点和变压器中性点之间。

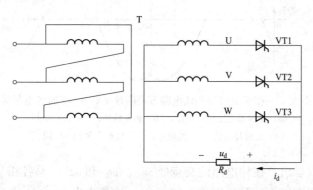

图 1-22　三相半波可控整流电路带电阻性负载电路图

图 1-22 中三相半波可控整流电路可以看成是三个单相半波可控整流电路的组合，如果任意封锁两个晶闸管的触发脉冲，则另一个晶闸管就可以实现单相半波可控整流。对于三相半波可控整流电路，需要结合三相交流电的变化规律分别施加触发脉冲，以满足晶闸管的导通条件。

（2）工作原理。如图 1-23（a）所示是变压器二次侧输出电压的波形图。

如图 1-23（b）所示是对应于 $\alpha = 0°$ 时的触发脉冲波形。从图中可以看出，在 $\omega t_1 \sim \omega t_2$ 期间，整流变压器二次侧输出电压中，U 相电压比 V、W 相都高，即只有 VT1 承受正向电压。如果在 ωt_1 时刻触发晶闸管 VT1，可使 VT1 导通，此时负载上得到 U 相电压，即 $u_d = u_U$；在 $\omega t_2 \sim \omega t_3$ 期间，V 相电压最高，在 ωt_2 时刻触发晶闸管 VT2 即导通。此时 VT1 因承受反向电压而关断，所以 $u_d = u_V$；在 ωt_3 时刻触发晶闸管 VT3 即导通，并关断 VT2，此时 $u_d = u_W$。以后，各晶闸管都按同样的规律依次触发导通并关断前面一个已导通的晶闸管，u_d 的波形如图 1-23（c）所示，它是三相交流电压正半周的包络线。在一个周期内有三次脉动，因此 u_d 脉动频率是 $3 \times 50\text{Hz} = 150\text{Hz}$。

从图 1-23 可以看出，各晶闸管上的触发脉冲依次间隔 120°。在一个周期内，三相电源轮流向负载供电，每相晶闸管各导电 120°。因为是电阻性负载，所以负载电流 i_d 波形与 u_d 相同，并且是连续的。

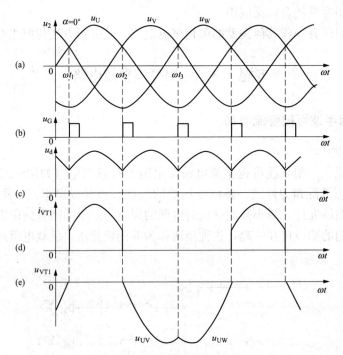

图 1-23　三相半波可控整流电路带电阻性负载 $\alpha = 0°$ 时各电量波形

（a）变压器二次侧输出电压；（b）触发脉冲；（c）负载电压；
（d）流过晶闸管 VT1 的电流；（e）晶闸管 VT1 两端电压

　　从以上分析可以看出，在相电压的交点处 ωt_1、ωt_2 和 ωt_3，是各相晶闸管能触发导通的最早时刻。因此，把它作为计算控制角 α 的起点，即该处的 $\alpha = 0°$。这个交点也叫自然换相点。这是因为如把晶闸管换成不可控的二极管，相电压的交点就是二极管的自然换相点。

　　流过晶闸管 VT1 的电流 i_{VT1} 波形和变压器 U 相绕组电流 i_{2U} 相同，如图 1-23（d）所示，其他两相的电流波形形状相同，相位依次滞后 120°。

　　由于 $\alpha = 0°$ 时负载电流 i_d 的波形是连续的，故晶闸管 VT1 上的电压波形 u_{VT1}，可分为三部分：VT1 导通期，$u_{VT1} = 0$；VT2 导通期，VT1 承受线电压 $u_{VT1} = u_{UV}$，VT3 是反压；导通期，VT1 承受的是线电压 $u_{VT1} = u_{UW}$。如图 1-23（e）所示，在 $\alpha = 0°$ 时，管子仅承受反向电压，以后随着 α 的增加，管子开始承受正向电压。其他两只晶闸管上的电压波形相同，相位依次相差 120°。

　　增大 α 值，如 $\alpha = 30°$，此时的波形如图 1-24 所示，从输出电压、电流的波形可看出，这时输出电压 u_d、负载电流 i_d 处于连续和断流的临界状态，各相仍能导电 120°。

　　$\alpha > 30°$ 时，如 $\alpha = 60°$ 时，整流电压的波形如图 1-25 所示，当导通的那相的相电压过零变负时，该相晶闸管关断。此时下一相晶闸管虽承受正向电压，但它的触发脉冲还未到，不会导通，故输出电压和电流都为零，直到下一相触发脉冲出现为止。显然负载电流断续，各晶闸管导电角 $\theta < 120°$，为 $150° - \alpha$。很明显，当 $\alpha = 150°$ 时，$\theta = 0°$，整流输出电压为 0。故电阻负载时，α 角的移相范围为 150°。

　　由于输出波形有连续和断续之分，所以在这两种情况下的各电量的计算也不尽相同，现分别讨论如下。

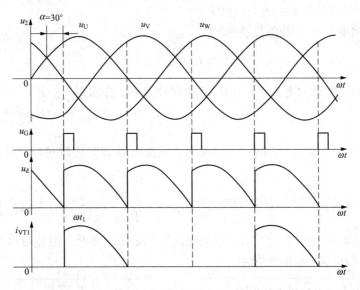

图 1-24 三相半波可控整流电路带电阻性负载 $\alpha=30°$时波形

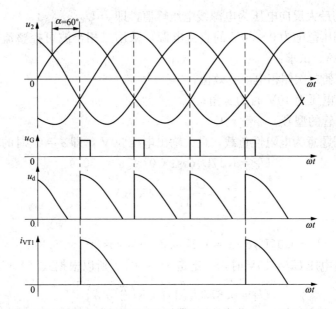

图 1-25 三相半波可控整流电路带电阻性负载 $\alpha=60°$ 时波形

1）直流输出电压的平均值 U_d。

当 $0°\leqslant\alpha\leqslant30°$ 时

$$U_d=\frac{3}{2\pi}\int_{\frac{\pi}{6}+\alpha}^{\frac{5\pi}{6}+\alpha}\sqrt{2}U_2\sin\omega t\,\mathrm{d}(\omega t)=\frac{3\sqrt{6}}{2\pi}U_2\cos\alpha=1.17U_2\cos\alpha \tag{1-55}$$

由式（1-55）可知，当 $\alpha=0°$ 时，U_d 最大，为 $U_d=U_{d0}=1.17U_2$。

当 $30°\leqslant\alpha\leqslant150°$ 时

$$U_d=\frac{3}{2\pi}\int_{\frac{\pi}{6}+\alpha}^{\pi}\sqrt{2}U_2\sin\omega t\,\mathrm{d}(\omega t)=0.675U_2\left[1+\cos\left(\frac{\pi}{6}+\alpha\right)\right] \tag{1-56}$$

当 $\alpha = 150°$ 时，U_d 最小，为 $U_d = 0$。

2）直流输出电流的平均值 I_d 为

$$I_d = \frac{U_d}{R_d} \tag{1-57}$$

3）流过每只晶闸管的电流平均值 I_{dVT} 和有效值 I_{VT} 分别为

$$I_{dVT} = \frac{1}{3} I_d \tag{1-58}$$

当电流连续即 $0° \leqslant \alpha \leqslant 30°$ 时，每只晶闸管轮流导通 $120°$，流过每只晶闸管的电流有效值 I_{VT} 为

$$I_{VT} = \sqrt{\frac{1}{2\pi} \int_{\frac{\pi}{6}+\alpha}^{\frac{5\pi}{6}+\alpha} \left(\frac{\sqrt{2} U_2 \sin\omega t}{R_d} \right)^2 \mathrm{d}(\omega t)} = \frac{U_2}{R_d} \sqrt{\frac{1}{2\pi} \left(\frac{2\pi}{3} + \frac{\sqrt{3}}{2} \cos 2\alpha \right)} \tag{1-59}$$

当电流断续即 $30° \leqslant \alpha \leqslant 150°$ 时，三只晶闸管仍是轮流导通，但导通角小于 $120°$，此时流过每只晶闸管的电流 I_{VT} 有效值为

$$I_{VT} = \sqrt{\frac{1}{2\pi} \int_{\frac{\pi}{6}+\alpha}^{\pi} \left(\frac{\sqrt{2} U_2 \sin\omega t}{R_d} \right)^2 \mathrm{d}(\omega t)} = \frac{U_2}{R_d} \sqrt{\frac{1}{2\pi} \left(\frac{5\pi}{6} - \alpha + \frac{\sqrt{3}}{4} \cos 2\alpha + \frac{1}{4} \sin 2\alpha \right)} \tag{1-60}$$

晶闸管承受的最大反向电压为电源线电压峰值，即 $\sqrt{6} U_2$。

【例 1-7】　调压范围为 $0 \sim 30\mathrm{V}$ 的直流电源，采用三相半波可控整流电路带电阻负载，输出电流最大 $100\mathrm{A}$。试求：

（1）整流变压器二次侧相电压有效值；

（2）计算输出电压为 $10\mathrm{V}$ 时的 α 角；

（3）选择晶闸管的型号。

解：（1）根据题意为电阻性负载，最大输出电压 $30\mathrm{V}$，即 $\alpha = 0°$ 时的输出电压，则

$$U_d = 1.17 U_2 \cos\alpha \quad (0° \leqslant \alpha \leqslant 30°)$$

$$U_2 = \frac{U_{d\max}}{1.17} \approx 25.6(\mathrm{V})$$

（2）当 $\alpha = 30°$ 时

$$U_d = 1.17 U_2 \cos\alpha = 1.17 \times 25.6 \times \cos 30° = 25.9(\mathrm{V})$$

因此，当输出电压 $U_d = 10\mathrm{V}$ 时，一定是 $\alpha > 30°$。所以根据式（1-57）有

$$U_d = 0.675 U_2 \left[1 + \cos\left(\frac{\pi}{6} + \alpha \right) \right]$$

$$\cos\left(\frac{\pi}{6} + \alpha \right) = \frac{U_d}{0.675 U_2} - 1 = \frac{10}{0.675 \times 25.6} - 1 = -0.4212$$

$$\alpha \approx 85°$$

（3）当 $\alpha = 0°$ 时，输出最高电压 $U_d = 30\mathrm{V}$，最大电流 $I_d = 100\mathrm{A}$，所以根据式（1-59）有

$$I_{VT} = \frac{U_2}{R_d} \sqrt{\frac{1}{2\pi} \left(\frac{2\pi}{3} + \frac{\sqrt{3}}{2} \cos 2\alpha \right)} = \frac{U_d}{1.17 R_d} \sqrt{\frac{1}{2\pi} \left(\frac{2\pi}{3} + \frac{\sqrt{3}}{2} \right)} \approx 58.67(\mathrm{A})$$

晶闸管的额定电流为　　　$I_{VTN} = \frac{I_{VT}}{1.57} = 37.37\mathrm{A}$

晶闸管的额定电压为　　　$U_{VTN} = \sqrt{6} U_2 = 62.7\text{V}$

考虑裕量，晶闸管的型号应选择 KP100-2。

2. 电感性负载

（1）电路结构。如果负载为电阻电感负载，且 L 值很大，其电路及 $\alpha = 30°$ 时各电量的波形如图 1-26 所示，整流电流 i_d 的波形近似是一直线。

（2）工作原理。$\alpha \leqslant 30°$ 时，整流电压波形与电阻负载时相同，因为两种负载情况下，负载电流均连续。

$\alpha > 30°$ 时，如 $\alpha = 60°$ 时，电路中各电量的波形如图 1-27 所示。当 u_2 过零时，由于电感要阻止电流下降，因而通过感应电动势使 VT1 继续导通，直到下一相晶闸管 VT2 的触发脉冲到来，才发生换流，由 VT2 导通向负载供电，同时向 VT1 施加反压使其关断。这时 u_d 波形中出现负值，若 α 增大，u_d 波形中负的部分将增多，至 $\alpha = 90°$ 时，u_d 波形中正负面积相等，u_d 的平均值为零。可见电感负载时 α 的移相范围最大为 90°。由于电感的作用，使各相晶闸管导通均为 120°，即 $\theta_{VT} = 120°$，保证了电流的连续。

（3）波形分析。$\alpha = 60°$ 时，整流输出电压 u_d 出现了负值，且其波形是连续的，流过负载的电流 i_d 的波形即连续又平稳，三只晶闸管轮流导通，且每一只晶闸管都导通 120°。

$\alpha = 90°$ 时，u_d 的波形的正负面积相等，其平均值 U_d 为零。因此，此电路的最大的有效移相范围是 $0° \sim 90°$。

（4）参数计算。

1）直流输出电压的平均值 U_d 为

$0° \leqslant \alpha \leqslant 90°$

$$U_d = \frac{1}{2\pi/3} \int_{\frac{\pi}{6}+\alpha}^{\frac{5\pi}{6}+\alpha} \sqrt{2} U_2 \sin\omega t \, \mathrm{d}(\omega t) = 1.17 U_2 \cos\alpha \tag{1-61}$$

2）直流输出电流的平均值 I_d 为

$$I_d = \frac{1}{R_d} 1.17 U_2 \cos\alpha \tag{1-62}$$

3）流过晶闸管电流的平均值 I_{dVT} 和有效值 I_{VT} 分别为

$$I_{dVT} = \frac{1}{3} I_d \tag{1-63}$$

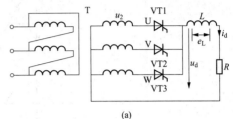

（a）

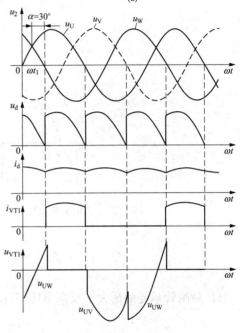

（b）

图 1-26　三相半波可控整流电路带大电感性负载 $\alpha = 30°$ 时波形

（a）电路图；（b）波形图

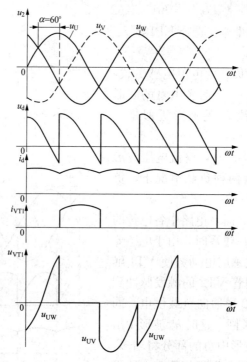

图 1-27　三相半波可控整流电路带大电感性负载 $\alpha = 60°$ 时波形

$$I_{\mathrm{VT}} = I_2 = \frac{1}{\sqrt{3}} I_{\mathrm{d}} = 0.577 I_{\mathrm{d}} \tag{1-64}$$

4）晶闸管承受的最大正反向电压 U_{VTM} 为

$$U_{\mathrm{VTM}} = \sqrt{6} U_2 \tag{1-65}$$

3. 带续流二极管的电感性负载

三相半波可控整流电路带电感性负载时，可以通过加接续流二极管解决因控制角 α 接近 90°时，输出电压波形出现正、负面积相等而使其平均电压为零的问题。

（1）电路结构。带电感性负载的三相半波可控整流电路加接续流二极管后的电路如图 1-28（a）所示。

（2）工作原理。图 1-28（b）所示是加接续流二极管 VDR 后，当 $\alpha = 60°$ 时电路各电量输出的电压和电流波形。以 U 相为例，当 U 相电压过零使电流有减小的趋势时，由于电感 L 的作用产生自感电动势 e_{L}，方向与电流的方向一致，因此使续流二极管导通，此时电路输出电压 u_{d} 为二极管两端电压，近似为零，电感 L 释放能量使输出电流 i_{d} 保持连续，U 相电流为零，使 VT1 管关断。当 VT2 管的触发脉冲 u_{G2} 使 VT2 触发导通后，V 相相电压使续流二极管 VDR 承受反压而截止，电路输出 V 相相电压，重复上述过程。

（3）波形分析和参数计算。

1）直流输出电压的平均值。很明显，u_{d} 的波形与纯电阻负载时一样，u_{d} 的计算公式也与电阻性负载时相同。

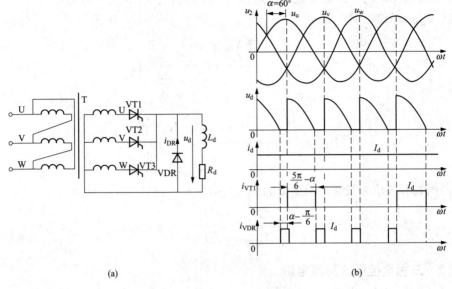

图 1-28　三相半波可控整流带电感性负载接续流二极管

(a) 电路图；(b) 波形图

$0° \leqslant \alpha \leqslant 30°$ 时，因为输出电压 u_d 波形与不接续流二极管时一致，故仍有

$$U_d = \frac{3}{2\pi} \int_{\frac{\pi}{6}+\alpha}^{\frac{5\pi}{6}+\alpha} \sqrt{2}\, U_2 \sin\omega t\, \mathrm{d}(\omega t) = \frac{3\sqrt{6}}{2\pi} U_2 \cos\alpha = 1.17 U_2 \cos\alpha \tag{1-66}$$

$30° \leqslant \alpha \leqslant 150°$ 时，u_d 波形与电路带电阻性负载时一致，u_d 波形也是断续的，故有

$$U_d = 0.675 U_2 \left[1 + \cos\left(\frac{\pi}{6} + \alpha\right) \right] \tag{1-67}$$

2）直流输出电流的平均值 I_d 为

$$I_d = \frac{U_d}{R_d} \tag{1-68}$$

3）晶闸管电流的平均值 I_{dVT} 和有效值 I_{VT}。

当 $0° \leqslant \alpha \leqslant 30°$ 时

$$I_{dVT} = \frac{1}{3} I_d \tag{1-69}$$

$$I_{VT} = I_2 = \frac{1}{\sqrt{3}} I_d = 0.577 I_d \tag{1-70}$$

当 $30° \leqslant \alpha \leqslant 150°$ 时

$$I_{dVT} = \frac{\frac{5\pi}{6} - \alpha}{2\pi} I_d \tag{1-71}$$

$$I_{dVT} = \sqrt{\frac{\frac{5\pi}{6} - \alpha}{2\pi}}\, I_d \tag{1-72}$$

4）续流二极管电流的平均值 I_{dDR} 和有效值 I_{DR}。

当 $0° \leqslant \alpha \leqslant 30°$ 时，续流二极管没起作用，所以流过 VDR 的电流为零。

当 $30° \leqslant \alpha \leqslant 150°$ 时

$$I_{\mathrm{dDR}} = \frac{\left(\alpha - \dfrac{\pi}{6}\right) \times 3}{2\pi} I_{\mathrm{d}} = \frac{\alpha - \dfrac{\pi}{6}}{\dfrac{2\pi}{3}} I_{\mathrm{d}} \tag{1-73}$$

$$I_{\mathrm{DR}} = \sqrt{\frac{\left(\alpha - \dfrac{\pi}{6}\right) \times 3}{2\pi}} I_{\mathrm{d}} = \sqrt{\frac{\alpha - \dfrac{\pi}{6}}{\dfrac{2\pi}{3}}} I_{\mathrm{d}} \tag{1-74}$$

5）晶闸管和续流二极管两端承受的最大的电压 U_{VTM} 和 U_{DRM} 分别为

$$U_{\mathrm{VTM}} = \sqrt{6} U_2 \tag{1-75}$$

$$U_{\mathrm{DRM}} = \sqrt{2} U_2 \tag{1-76}$$

1.3.2　三相全控桥式整流电路

目前在各种整流电路中，应用最为广泛的是三相全控桥式整流电路，三相全控桥式整流

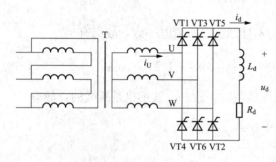

图 1-29　三相全控桥式整流电路带大电感性负载电路图

一般多用于电感性负载及反电动势负载。而对于反电动势负载，常是指直流电动机或要求能实现有源逆变的负载。对于此类负载，为了改善电流波形，有利于直流电动机换向及减小火花，一般都要串入电感量足够大的平波电抗器，分析时等同于电感性负载。所以，本书重点讨论电感性负载时的工作情况，电路如图 1-29 所示。其中，阴极连接在一起的三个晶闸管（VT1、VT3、VT5）称为共阴极组，阳极连接在一起的三个晶闸管（VT2、VT4、VT6）称为共阳极组。

1. 电路结构

在三相全控桥式整流电路带大电感性负载电路中，把共阴极组的晶闸管依次编号为 VT1、VT3、VT5，把共阳极组的晶闸管依次编号为 VT4、VT6、VT2。在共阴极组的自然换流点 ωt_1、ωt_3、ωt_5 时刻，分别触发 VT1、VT3、VT5 晶闸管，在共阳极组的自然换流点 ωt_2、ωt_4、ωt_6 时刻，分别触发 VT2、VT4、VT6 晶闸管。晶闸管的导通顺序为 VT1→ VT2→ VT3→ VT4→ VT5→ VT6。为了分析方便，把交流电源的一个周期由六个自然换流点划分为六段。

2. 工作原理

当 $\alpha = 0°$ 时，在 $\omega t_1 \sim \omega t_2$ 期间，U 相电压为最大的正值，在 ωt_1 时刻触发 VT1，则 VT1 导通，VT5 因承受反压而关断。此时，变成 VT1 和 VT6 同时导通，电流从 U 相流出，经 VT1、负载、VT6 流回 V 相，负载上得到 U、V 线电压 u_{UV}。在 $\omega t_2 \sim \omega t_3$ 期间，W 相电压变为最小的负值，U 相电压仍保持最大的正值，在 ωt_2 时刻触发 VT2，则 VT2 导通，VT6 关断。此时，VT1 和 VT2 同时导通，负载上得到 U、W 线电压 u_{UW}。在 $\omega t_3 \sim \omega t_4$ 期间，V

相电压变为最大正值，W 相保持最小负值，ωt_3 时刻触发 VT3，VT3 导通，VT1 关断。此时，VT2 和 VT3 同时导通，负载上得到 V、W 线电压 u_{VW}。依此类推，在 $\omega t_4 \sim \omega t_5$ 期间 VT3 和 VT4 导通，负载上得到 u_{VU}。在 $\omega t_5 \sim \omega t_6$ 期间，VT4 和 VT5 导通，负载上得到 u_{WU}。在 $\omega t_6 \sim \omega t_7$ 期间，VT5 和 VT6 导通，负载上得到 u_{WV}。以后重复从 $\omega t_1 \sim \omega t_2$ 开始的这一过程。整流输出电压 u_d 的波形、电流 i_d 的波形、晶闸管的导通情况如图 1-30（a）所示。当 $\alpha = 60°$ 时，分析可得各点波形如图 1-30（b）所示。

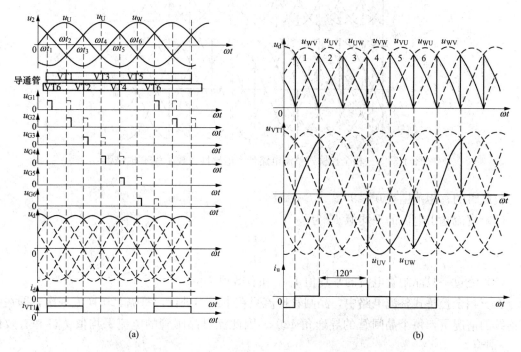

图 1-30　三相全控桥式整流电路带大电感性负载时波形

(a) $\alpha = 0°$；(b) $\alpha = 60°$

3. 波形分析

由 $\alpha = 60°$ 时的波形可以看出，$\alpha = 60°$ 是一临界点，此时输出电压 u_d 正好没有负电压的输出。当 $\alpha \geqslant 60°$ 时，输出电压 u_d 的波形将会出现负值，但是由于是大电感负载，只要输出电压 u_d 的平均值不为零，则每只晶闸管就仍能维持导通 120°。图 1-31 所示为 $\alpha = 90°$ 时的波形，从图中可以看出，此时输出电压 u_d 的波形正负面积相等，因此其平均值 U_d 为零，所以三相桥式全控整流电路带电感性负载时的有效移相范围是 0°～90°。

4. 参数计算

通过上面的分析，可以推导出电路带电感性负载时的各数量关系如下。

（1）直流输出电压的平均值 U_d 为

$$U_d = \frac{6}{2\pi} \int_{\frac{\pi}{3}+\alpha}^{\frac{2\pi}{3}+\alpha} \sqrt{6} U_2 \sin\omega t \, \mathrm{d}(\omega t)$$

$$= \frac{3\sqrt{6}}{\pi} U_2 \cos\alpha = 2.34 U_2 \cos\alpha = 1.35 U_{2L} \cos\alpha \tag{1-77}$$

当 $\alpha = 0°$ 时，U_d 为最大值，当 $\alpha = 90°$ 时，U_d 为最小值。因此三相全控桥式整流电路带大

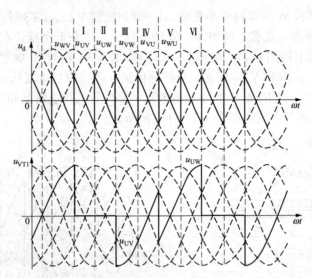

图 1-31　三相全控桥式整流电路带大电感性负载 $\alpha = 90°$ 时波形

电感负载时的移相范围为 $0° \sim 90°$。

（2）直流输出电流的平均值 I_d 为

$$I_d = \frac{U_d}{R_d} \tag{1-78}$$

（3）流过一只晶闸管电流的平均值 I_{dVT} 和有效值 I_{VT}。

在三相全控桥式整流电路中，晶闸管换流只在本组内进行，每隔 $120°$ 换流一次，即在电流连续的情况下，每个晶闸管的导通角 $120°$。因此流过晶闸管的电流平均值 I_{dVT} 和有效值 I_{VT} 分别为

$$I_{dVT} = \frac{1}{3} I_d \tag{1-79}$$

$$I_{VT} = \sqrt{\frac{1}{3}} I_d = 0.577 I_d \tag{1-80}$$

（4）变压器二次侧线圈的电流有效值 I_2。

整流变压器二次侧正、负半周内均有电流流过，每半周期内导通角为 $120°$，故流过变压器二次侧的电流有效值为

$$I_2 = \sqrt{\frac{2}{3}} I_d = 0.817 I_d \tag{1-81}$$

另外，晶闸管两端承受的最大的正反向电压仍为 $\sqrt{6} U_2$。

综上所述，可以总结三相桥式全控整流电路的特点如下：

1）在任何时刻都必须有两只晶闸管导通，且不能是同一组的晶闸管，必须是共阴极组的一只，共阳极组的一只，这样才能形成向负载供电的回路。

2）对触发脉冲则要求是按晶闸管的导通顺序 VT1— VT2— VT3— VT4— VT5— VT6 依次送出，相位依次相差 $60°$；对于共阴极组晶闸管 VT1、VT3、VT5，其脉冲依次相差 $120°$，共阳极组 VT4、VT6、VT2 的脉冲也依次相差 $120°$；但对于接在同一相的晶闸管，

如 VT1 和 VT4，VT3 和 VT6，VT5 和 VT2，它们之间的相位均相差 180°。

3）为保证电路能启动工作或在电流断续后能再次导通，要求触发脉冲为单宽脉冲或是双窄脉冲。

4）整流后的输出电压的波形为相应的变压器二次侧线电压的整流电压，一周期脉动六次，每次脉动的波形也都一样，故该电路为六脉波整流电路。

5）电感性负载时晶闸管两端承受的电压的波形同三相半波时是一样的，但其整流后的输出电压的平均值 U_d 是三相半波时的两倍，所以当要求同样的输出电压 U_d 时，三相桥式电路对管子的电压要求降低了一半。

6）电感性负载时，变压器一周期中的 240° 有电流通过，变压器的利用率高，且由于流过变压器的电流是正负对称的，没有直流分量，所以变压器没有直流磁化现象。

专题 1.4　变压器漏电抗对整流电路的影响

前面分析了几种可控整流电路，在分析过程中，由于都忽略了变压器的漏抗，所以所有的换流都被认为是瞬时完成的。但实际上变压器线圈上总是存在有一定的漏感的，交流回路也会有一定的自感，将所有这些电感都折算到变压器的二次侧，用一个集中的电感 L_T 来代替。由于电感要阻碍电流的变化，电感中的电流也就不会突变，所以电流的换相是不可能在瞬时完成的，而要有一个过程，即经过一段时间，这个过程就称为换相过程，换相过程对应的时间常用相应的电角度来表示，称为换相重叠角，用 γ 来表示。以三相半波可控整流电路为例，来讨论变压器漏感对电路的影响。对于其他电路也可用相同的方法进行分析。

图 1-32 所示为考虑了变压器漏感后的三相半波可控整流电路的电路图和波形图。因三只晶闸管是轮流导通的，所以一周期内有三次换流过程，下面以 VT1 换流至 VT2 为例进行说明，其他两次换流情况是一样的。假设在 ωt_1 时刻之前已触发导通了 VT1 管，在 ωt_1 时给 VT2 管加触发脉冲，令 VT2 管导通。此时，由于 U 相、V 相均有漏感 L_T，故两相的电流 i_U、i_V 都不会突变，即 i_U 不会瞬时由稳定值 I_d 降为零，而 i_V 也不会瞬时由零升至稳定值 I_d。因此，在电流从 VT1 换至 VT2 的过程中，存在 VT1 和 VT2 同时导通的过程，此时相当于 U 相、V 相短路，两相间的电压差为 $u_U - u_V$，称为短路电压。由于此短路电压的存在，将产生只流过两只导通的晶闸管并直接接通两相电源的环流 i_k，形成环流回路，如图 1-32（a）所示。每只管子换相前的初始电流叠加上环流 i_k 就是换相过程中流过每只管子的

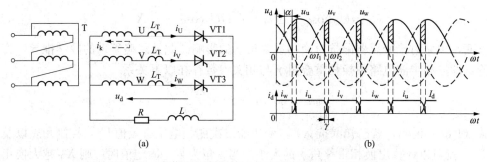

图 1-32　考虑变压器漏抗后的三相半波可控整流电路

（a）电路图；（b）工作波形

实际电流。在换相前流过 VT1 的电流 $i_{VT1} = i_U = I_d$，流过 VT2 的电流为 $i_{VT2} = i_V = 0$。所以在换相过程中，$i_{VT1} = i_U = I_d - i_k$，$i_{VT2} = i_V = i_k$，短路电压加在回路漏感上，使得环流 i_k 逐渐增大，当 i_k 增大到负载电流稳定值 I_d 时，即图中的 ωt_2 时刻，晶闸管 VT1 的电流降为零，管子关断，此时流过 VT2 的电流为全部负载电流 I_d，这样就完成了换相。$\omega t_1 \sim \omega t_2$ 所对应的电角度就是换相重叠角 γ。考虑了变压器漏感后的电路工作波形如图 1-32（b）所示。

忽略换相回路的电阻，换相期间换流回路的电压方程式为

$$2L_T \frac{di_k}{dt} = u_V - u_U \tag{1-82}$$

所以换相期间的整流输出电压的瞬时值 u_d 就变为

$$u_d = u_V - L_T \frac{di_k}{dt} = u_U + L_T \frac{di_k}{dt} = \frac{u_U + u_V}{2} \tag{1-83}$$

式（1-83）表明，在上述换相过程中，输出电压既不是 u_U，也不是 u_V，而是两瞬时相电压的平均值，由此可得 u_d 的波形如图 1-32（b）所示。将其与图 1-24 相比较，可以发现，考虑了变压器漏感后，换相过程中的输出电压的瞬时值降低了，输出电压的波形少了一块面积，如图 1-32（b）中阴影所示，三相半波电路一周期内换相三次，所以有三块同样的面积。这样，输出电压的平均值就降低了，少的就是一周期阴影面积的平均值，称之为换相压降，用 ΔU_d 来表示，可计算如下

$$\Delta U_d = \frac{3}{2\pi} \int_\alpha^{\alpha+\gamma} (u_V - u_d) \mathrm{d}(\omega t) = \frac{3}{2\pi} \int_\alpha^{\alpha+\gamma} \left(u_V - \frac{u_U + u_V}{2} \right) \mathrm{d}(\omega t)$$

$$= \frac{3}{2\pi} \int_\alpha^{\alpha+\gamma} L_T \frac{di_k}{dt} \mathrm{d}(\omega t) = \frac{3}{2\pi} \int_0^{I_d} \omega L_T \mathrm{d}i_k = \frac{3}{2\pi} X_T I_d \tag{1-84}$$

式中：X_T 为变压器每相折算到二次侧的漏抗，且 $X_T = \omega L_T$。

同样，如果是 m 脉波电路，其换相压降可表示为

$$\Delta U_d = \frac{m}{2\pi} X_T I_d \tag{1-85}$$

考虑了变压器漏抗后的整流电压 U_d 为

$$U_d = U_{d0} \cos\alpha - \Delta U_d \tag{1-86}$$

式中：U_{d0} 为整流电路理想情况下，$\alpha = 0°$ 时的输出电压平均值。

上面三相半波电路的输出电压就变为

$$U_d = U_{d0} \cos\alpha - \Delta U_d = 1.17 U_2 \cos\alpha - \frac{3}{2\pi} X_T I_d \tag{1-87}$$

下面，再来讨论变压器漏抗对换相重叠角 γ 的影响。此处忽略繁琐的数学推导，直接给出结论，即三相半波电路中换相重叠角 γ 与相关参数存在以下关系

$$\cos\alpha - \cos(\alpha + \gamma) = \frac{2X_T I_d}{\sqrt{6} U_2} \tag{1-88}$$

式（1-88）说明，若已知漏抗 X_T，变压器二次侧相电压有效值 U_2，控制角 α 以及负载电流 I_d，就可以计算出换相重叠角 γ 的大小。当 α 角为某一固定值时，则 X_T 越大换相重叠角 γ 越大，I_d 越大换相重叠角也越大。因为 $I_d X_T$ 越大，漏感储存的能量就越多，换相时间就越长，即 γ 越大。

对于其他的可控整流电路，也可采取类似的分析方法，现将结果列于表 1-4。

另外，对于计算换相重叠角的大小，有一个便于记忆的通用公式，即

$$\cos\alpha - \cos(\alpha + \gamma) = \frac{2\Delta U_d}{U_{d0}} \qquad (1-89)$$

表 1-4　　　　　　　　　各种整流电路换相压降和换相重叠角的计算

	单相全波	单相全控桥	三相半波	三相全控桥	六相半波
m	2	4	3	6	6
ΔU_d	$\dfrac{X_T}{\pi}I_d$	$\dfrac{2X_T}{\pi}I_d$	$\dfrac{3X_T}{2\pi}I_d$	$\dfrac{3X_T}{\pi}I_d$	$\dfrac{3X_T}{\pi}I_d$
$\cos\alpha - \cos(\alpha+\gamma)$	$\dfrac{X_T I_d}{\sqrt{2}U_2}$	$\dfrac{2X_T I_d}{\sqrt{2}U_2}$	$\dfrac{2X_T I_d}{\sqrt{6}U_2}$	$\dfrac{2X_T I_d}{\sqrt{6}U_2}$	$\dfrac{\sqrt{2}X_T}{U_2}I_d$

变压器漏抗的存在，与交流进线电抗器一样，可以起到限制短路电流和抑制电流电压变化率的作用。但是由于漏抗的存在使得输出电压的波形在换相期间出现缺口，会造成电网电压波形的畸变，影响其他用电设备的正常工作。

专题 1.5　晶闸管触发电路

1.5.1　对晶闸管触发电路的要求

晶闸管最重要的特性是可控的正向导通特性。当晶闸管的阳极加上正向电压后，还必须在门极与阴极之间加上一个具有一定功率的正向触发电压才能导通，这一正向触发电压是由触发电路提供的，根据具体情况这个电压可以是交流、直流或脉冲电压；由于晶闸管被触发导通以后，门极的触发电压即失去控制作用，所以为了减少门极的触发功率，常常用脉冲触发。晶闸管触发电路的作用就是产生符合要求的门极触发脉冲，触发脉冲的宽度要能维持到晶闸管彻底导通后才能撤掉，晶闸管对触发脉冲的幅值要求是：在门极上施加的触发电压或触发电流应大于产品目录提出的数据，但也不能太大，以防止损坏其控制极，在有晶闸管串并联的场合，触发脉冲的前沿越陡越有利于晶闸管的触发导通。为保证晶闸管在需要的时刻由阻断转为导通，晶闸管触发电路应满足下列要求：

（1）触发脉冲应有足够的功率。触发脉冲的电压和电流应大于晶闸管要求的数值，并留有一定的裕量。

晶闸管的门极伏安特性曲线如图 1-33 所示。由于同一型号的晶闸管的门极伏安特性的分散性很大，所以规定晶闸管元件的门极阻值在某高阻（曲线 OD）和低阻（曲线 OG）之间，才可能算是合格的产品。晶闸管器件出厂时，所标注的门极触发电流 I_{GT}、门极触发电压 U_{GT} 是指该型号的所有合格器件都能被触发导通的最小门极电流、电压值，所以在接近坐标原

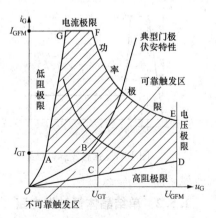

图 1-33　晶闸管门极伏安特性与可靠触发区

点处以 I_{GT}、U_{GT} 为界划出 OABCO 区域，在此区域内为不可靠触发区。在器件门极极限电流 I_{GFM}、门极极限电压 U_{GFM} 和门极极限功率曲线的包围下，面积 ABCDEFGA（图中阴影）为可靠触发区，所用的合格的晶闸管器件的触发电压与触发电流都应在这个区域内，在使用时，触发电路提供的门极的触发电压与触发电流都应处于这个区域内。

温度对晶闸管的门极影响很大，即使是同一个器件，温度不同时，器件的触发电流与电压值也不同。一般可以这样估算，在 100℃ 高温时，触发电流、电压值比室温时低 2～3 倍，而在 -40℃ 低温时，触发电流、电压值比室温时高 2～3 倍。所以为了使晶闸管在任何工作条件下都能被可靠地触发，触发电路送出的触发电流、电压值都必须大于晶闸管器件的门极规定的触发电流 I_{GT}、触发电压 U_{GT} 值，并且要留有足够的裕量。如触发信号为脉冲时，在触发功率不超过规定值的情况下，触发电压、电流的幅值在短时间内可以大大超过额定值。

（2）触发脉冲应有一定的宽度且脉冲前沿应尽可能陡。由于晶闸管的触发是有一个过程的，也就是晶闸管的导通需要一定的时间，只有当晶闸管的阳极电流即主回路电流上升到晶闸管的擎住电流以上时，晶闸管才能导通，所以触发信号应有足够的宽度才能保证被触发的晶闸管可靠的导通，对于电感性负载，脉冲的宽度要宽些，一般为 0.5～1ms，相当于 50Hz、18°电角度。为了可靠地、快速地触发大功率晶闸管，常常在触发脉冲的前沿叠加上一个强触发脉冲，其波形如图 1-34 所示。

（3）触发脉冲的相位应能在规定范围内移动。例如，单相全控桥式整流电路带电阻性负载时，要求触发脉冲的移相范围是 0°～180°，带大电感负载时，要求移相范围是 0°～90°；三相半波可控整流电路带电阻性负载时，要求移相范围是 0°～150°，带大电感负载时，要求移相范围是 0°～90°。

（4）触发脉冲与主电路电源必须同步。为了使晶闸管在每个周期都以相同的控制角 α 被触发导通，触发脉冲必须与电源同步，两者的频率应该相同，且要有固定的相位关系，以保证每一周期都能在同样的相位上触发。触发移相的结构图如图 1-35 所示，触发电路同时受电压 u_C 与同步电压 u_S（同步电压与晶闸管器件的电压同频率且有一定的相位关系）控制。触发电路的种类很多，本专题只分析单结晶体管触发电路、锯齿波同步触发电路、集成触发电路。

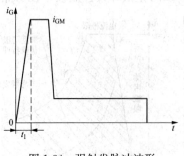

图 1-34　强触发脉冲波形

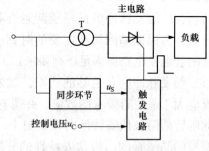

图 1-35　整流装置框图

1.5.2　单结晶体管触发电路

1. 单结晶体管的结构及特性

单结晶体管也称为双基极二极管，其结构、等效电路及电气符号如图 1-36 所示。

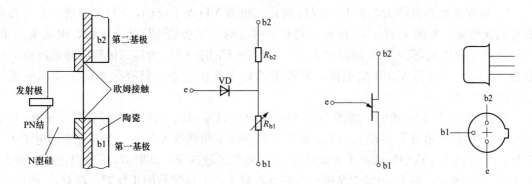

图 1-36 单结晶体管的结构、等效电路及电气符号

在一块高电阻率的 N 型硅半导体基片上，引出两个电极：第一基极 b1、第二基极 b2，这两个基极之间的电阻 R_{bb} 就是基片的电阻，其值约为 $2 \sim 12\text{k}\Omega$。在两个基片之间，靠近 b2 处设法掺入 P 型杂质铝，引出电极称为发射极 e，e 对 b1 或 b2 就是一个 PN 结，具有二极管的导电特性，所以又称双基极二极管。其等效电路、符号、与管脚如图 1-36 所示，图中，R_{b1}、R_{b2} 分别为发射极 e 与第一基极 b1、第二基极 b2 之间的电阻。

单结晶体管的实验电路和伏安特性如图 1-37 所示。

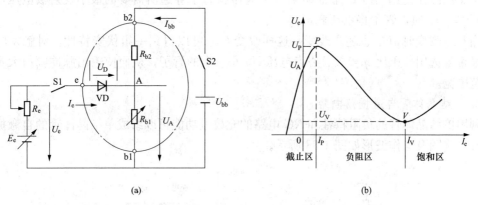

图 1-37 单结晶体管的实验电路和伏安特性曲线
(a) 单结晶体管实验电路；(b) 伏安特性

（1）当 S1 闭合，S2 断开时，$I_{bb} = 0$，二极管 VD 与 R_{b1} 组成串联电路，U_e 与 I_e 的关系曲线与二极管正向特性曲线接近。

（2）当 S1 断开、S2 闭合时，外加基极电压 U_{bb} 经过 R_{b1}、R_{b2} 分压，则 A 点对 b1 之间的电压 U_A 为

$$U_A = \frac{R_{b1}}{R_{b1} + R_{b2}} U_{bb} = \eta U_{bb} \tag{1-90}$$

式中 η 为单结晶体管的分压比 $\eta = \dfrac{R_{b1}}{R_{b1} + R_{b2}}$，它由单结晶体管的内部结构决定，一般为 $0.3 \sim 0.9$。

（3）当 S1 闭合，S2 也闭合，即单结晶体管加上一定的基极电压 U_{bb}。

　　U_e 从零开始逐渐增大，当 $U_e < U_A$ 时，二极管 VD 处于反偏，VD 不导通，只有很小的反向漏电流，如图 1-37（a）所示。当 $U_e = U_A$ 时，二极管 VD 处于零偏，电流 $I_e = 0$，管子仍处于截止状态。当 U_e 继续增大，$U_e < U_A + U_D$ 时（U_D 为硅二极管的导通压降，一般为 0.7V），二极管 VD 开始正偏，但管子仍处于截止状态，只有很小的正向漏电流流过，即 $I_e > 0$。

　　当 U_e 增大达到 U_P 值时，即图 1-37（b）中 P 点，$U_P = U_A + U_D$，二极管充分导通，I_e 显著增大，此时 U_e 随着 I_e 的增大，发射极 P 区的空穴不断地注入 N 区，与基片中的电子不断复合，使 N 区 R_{b1} 段中的载流子大量增加，R_{b1} 阻值迅速减小，此时 R_{b1} 的减小使 U_A 降低，使 I_e 进一步增大，而 I_e 的增大又进一步使 R_{b1} 减小，形成强烈的正反馈。随着 I_e 的增大，U_A 降低，由于 $U_e = U_A + U_D$，U_e 不断减小，从而得出，单结晶体管的发射极与第一基极 R_{b1} 之间的动态电阻 $\Delta R_{eb1} = \Delta U_e / \Delta I_{e'}$ 为负值，这就是单结晶体管特有的负阻特性。图 1-37（b）中，曲线上对应的 P、V 两点之间的区域，称为负阻区，U_P 称为峰点电压，U_V 称为谷点电压。

　　进入负阻区后，当 I_e 继续增大，即注入到 N 区的空穴增大到一定量时，一部分空穴来不及与基区的电子复合，从而剩余了一部分空穴，使继续注入空穴受到阻力，相当于 R_{b1} 变大。因此，在谷点 V 之后，管子工作由负阻区进入到饱和区，又恢复了正阻特性，这时 U_e 随着 I_e 的增大而逐步增大。显而易见，U_V 是维持管子导通所需的最小发射极电压，一旦出现 $U_e < U_V$ 时，管子将重新截止。

　　当 U_{bb} 改变时，U_P 也随之改变，这样改变 U_{bb} 可以得到一组伏安特性。对触发电路来说，最希望选用分压比 η 较大、谷点电压 U_V 小一点的管子，从而使输出脉冲幅值大及调节电阻范围宽。

　　2. 单结晶体管自激振荡电路

　　利用单结晶体管的负阻特性和 RC 电路的充放电功能可以组成单结晶体管的自激振荡电路，其电路图及工作波形如图 1-38 所示。

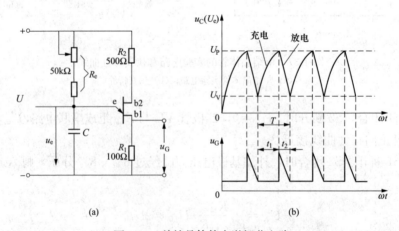

图 1-38　单结晶体管自激振荡电路

(a) 电路图；(b) 工作波形图

　　（1）工作过程。电源未接通时，电容上的电压为零。当电源接通后，电源通过 R_e 对电容 C 进行充电，充电时间常数 $\tau_1 = R_e C$，发射极电压 u_e 为电容两端电压 u_C。u_C 逐渐升高，

当 u_C 上升到峰点电压 U_P 之前，管子处于截止状态，当达到峰点电压 U_P 时，单结晶体管导通，电容经过 e、b_1 向电阻 R_1 放电，放电时间常数 $\tau_2 = (R_{b1} + R_1)C$，由于放电回路电阻 $R_{b1} + R_1$ 很小，放电时间很短，所以在上 R_1 得到很窄的尖脉冲。随着电容放电的进行，当 $u_C = U_V$ 并趋于更低时，单结晶体管截止，R_1 上的脉冲电压结束。此后电源又重新对电容充电，重复上述过程。由于电容上的放电时间常数远小于充电时间常数，电容上的电压为锯齿波振荡电压，电压 u_C 波形如图 1-38（b）所示。

（2）相关参数。

1）振荡频率。由图 1-38（b）可知，自激振荡电路的周期 T 为充电时间 t_1 和放电时间 t_2 之和，即 $T = t_1 + t_2$，由于 $R_e \gg R_{b1} + R_1$，即 $t_1 \gg t_2$，所以 $T \approx t_1$。

充电过程中，$u_e = u_C = U(1 - e^{-t/\tau_1})$。当 u_C 充电至峰点电压 U_P 时所需要的时间为 $t = T$，所以

$$U_P = \eta U = U(1 - e^{-T/\tau_1})$$

而 $\tau_1 = R_e C$，则

$$T = R_e C \ln\left(\frac{1}{1-\eta}\right)$$

$$f = \frac{1}{R_e C \ln\left(\dfrac{1}{1-\eta}\right)} \tag{1-91}$$

2）电阻 R_e、R_1、R_2、电容参数。由式（1-91）可见，调节电阻 R_e 就能改变自激振荡电路的振荡频率。当 R_e 增大时，输出脉冲的频率减小，脉冲数减少；当 R_e 减小时，频率增大，脉冲数增多。但是，频率调节有一定的范围，R_e 不能选的太大，也不能太小，否则单结晶体管自激振荡电路均无法形成振荡。产生振荡的条件为

$$\frac{U - U_V}{I_V} \leqslant R_e \leqslant \frac{U - U_P}{I_P} \tag{1-92}$$

R_1 的大小直接影响输出脉冲的宽度和幅值，所以，选择 R_1 必须保证晶闸管可靠触发所需的足够的脉冲宽度，若 R_1 太小，放电太快，脉冲太窄，不易触发晶闸管。若 R_1 太大，则在单结晶体管未导通时，电流 I_{bb} 在 R_1 上的压降太大，可能造成晶闸管的误导通。通常 R_1 取 $50 \sim 100\Omega$。

R_2 用来补偿温度对 U_P 的影响，即用来稳定振荡频率。通常，R_2 取 $200 \sim 600\Omega$。

电容 C 的大小与脉冲宽度和 R_e 的大小有关。通常，C 取 $0.1 \sim 1\mu F$。

3. 单结晶体管触发电路

单结晶体管触发电路由同步电源、移相控制和脉冲输出三部分组成。其电路图及工作波形如图 1-39 所示。

（1）同步电源。同步电压由变压器 T 提供，而同步变压器与主电路接至同一电源，故同步电压与主电路同相位，且频率相同。同步电压经过桥式整流与稳压管削波后得到梯形波电压 u_{VS}，此梯形波既是同步信号又是触发电路的电源，每当梯形波电压 u_{VS} 过零时，即 $u_{VS} = u_{bb} = 0$ 时，单结晶体管的内部 A 点电压 $U_A = 0$，e 与第一基极 b1 之间导通，电容 C 上的电荷很快经 e、b_1 和 R_1 放掉，使电容每次都能从零开始充电，这样就保证了每次触发电路送出的第一个脉冲与电源过零点的时刻（即 α）一致，从而获得了同步。

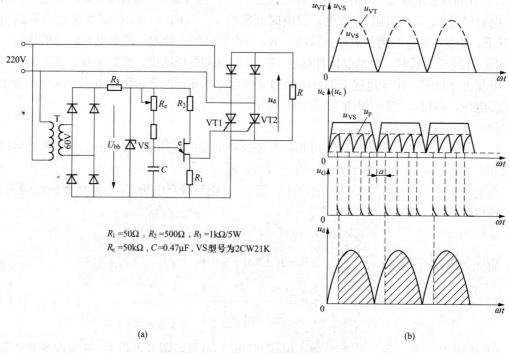

$R_1 = 50\Omega$，$R_2 = 500\Omega$，$R_3 = 1\text{k}\Omega/5\text{W}$

$R_e = 50\text{k}\Omega$，$C = 0.47\mu\text{F}$，VS型号为2CW21K

(a)　　　　　　　　　　　(b)

图 1-39　单结晶体管触发电路

(a) 原理图；(b) 工作波形

（2）移相控制。如果进行移相控制即控制整流输出电压 U_d 的大小，调节电阻 R_e 即可。当 R_e 增大时，电容 C 上的电压上升到峰点电压的时间延长，第一个脉冲出现的时刻后移，即控制角 α 增大，整流电路的输出电压 U_d 减小。相反，当 R_e 减小时，控制角 α 减小，输出电压 U_d 增大。为了扩大移相范围，要求同步电压梯形波 u_{VS} 的两腰边要接近垂直，这里可采用提高同步变压器二次侧电压 U_2 的方法，电压 U_2 通常要大于 60V。

（3）脉冲输出。脉冲输出可以从第一基极直接输出，也可以将第一基极输出的脉冲经过脉冲变压器后输出。前者简单、经济，但触发电路与主电路有直接的电联系，不安全；后者通过脉冲变压器进行电隔离则可避免这个问题。

为了简化电路，图 1-39 中，单结晶体管输出的脉冲要同时触发晶闸管 VT1、VT2，因为只有阳极电压为正的晶闸管才能被触发导通，所以能保证半控桥式整流的两个晶闸管轮流导通。

单结晶体管触发电路的优点是电路简单、使用元器件少、体积小、脉冲前沿陡、峰值大；缺点是只能产生窄脉冲，对于大电感负载，由于晶闸管在触发导通时阳极电流上升较慢，在阳极电流还没有上升到擎住电流 I_L 时，脉冲就已经消失，使晶闸管在触发导通后又重新关断。所以，单结晶体管触发电路多用于 50A 以下的晶闸管装置及非大电感负载的电路中。

1.5.3　锯齿波同步移相触发电路

单结晶体管触发电路输出触发脉冲的功率较小，脉冲较窄。另外，由于不同的单结晶体管的参数差异较大，在多相电路中，触发脉冲很难做到一致。因此，单结晶体管触发电路只用于控制精度要求不高的单相晶闸管系统。在电流容量较大、要求较高的晶闸管装置中，为了保证触发脉冲具有足够的功率，常采用由晶体管组成的触发电路。锯齿波同步移相触发电路是其中之一。另外，集成电路可靠性高，技术性能好，体积小，功耗低，调试方便，可以触发单相和三相桥式全控晶闸管整流电路。

锯齿波同步移相触发电路不受电网波动和波形畸变的影响，移相范围宽，应用范围较广。图 1-40 所示为锯齿波同步移相触发电路。它由脉冲形成与放大环节、锯齿波形成与脉冲移相环节、同步电压环节、双窄脉冲形成环节、脉冲封锁、强触发环节等组成。触发电路工作时各电量波形如图 1-41 所示。

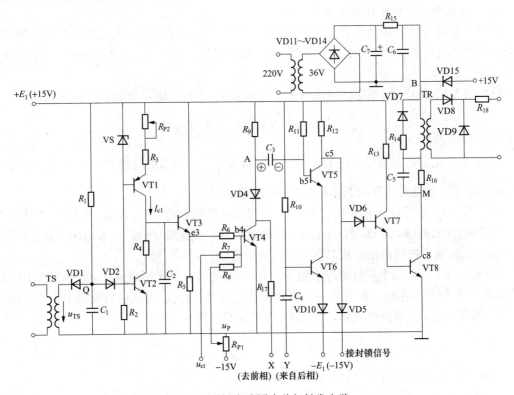

图 1-40　锯齿波同步移相触发电路

1. 脉冲形成与放大环节

如图 1-40 所示，晶体管 VT4、VT5、VT6 组成脉冲形成环节；VT7、VT8 组成脉冲功率放大环节。控制电压 u_{ct} 和负偏移电压 u_P 分别经过电阻 R_6、R_7、R_8 并联接入 VT4 基极。在分析该环节时，暂不考虑锯齿波电压 u_{e3} 和负偏移电压 u_P 对电路的影响（设 $u_{e3} = 0$、$u_P = 0$）。

当控制电压 $u_{ct} = 0$ 时，VT4 截止，+15V 电源通过电阻 R_{11} 供给 VT5 一个足够大的基极电流，使 VT5 和 VT6 饱和导通，VT5 的集电极电压 u_{c5} 接近 −15V（忽略 VT5、VT6 的饱和压降和 VD10 的管压降），VT7、VT8 截止，无脉冲输出。同时，+15V 电源 → R_9 → C_3 → VT5 的发射极 → VT6 的发射极 → VD10 → −15V 电源对电容 C_3 进行充电，充电结束后，电容两端电压为 30V，其左端为 +15V，右端为 −15V。

调节控制电压 u_{ct}，当 $u_{ct} \geqslant 0$ 时，VT4 由截止变为饱和导通，其集电极 A 端电压由

＋15V 迅速下降至 1V 左右（二极管压降及 VT4 饱和压降之和），由于电容 C_3 上的电压不能突变，C_3 右端的电压也由开始的 －15V 下降至约 －30V，VT5 的基极电位也突降到 －30V，VT5 基射结由于受到反偏而立即截止，其集电极电压由开始的 －15V 左右迅速上升至钳位电压 2.1V 时（VD6、VT7、VT8 三个 PN 结正向导通压降之和），VT7、VT8 导通，脉冲变压器一次侧流过电流，二次侧有触发脉冲输出。同时，电容 C_3 通过 ＋15V 电源 → R_{11} → C_3 → VD4 → VT4 放电并反向充电使 VT5 的基极电压由 －30V 开始逐渐上升，当 u_{b5} ≥ －15V 时，VT5 又重新导通，其集电极电压又变为 －15V，使 VT7、VT8 又截止，输出脉冲结束。可见，VT4 导通的瞬间决定了脉冲发出的时刻，到 VT5 截止的时间即是脉冲的宽度，而 VT5 截止时间的长短是由 C_3 反向充电时间常数 $R_{11}C_3$ 决定的。

　　2. 锯齿波形成与脉冲移相环节

　　锯齿波形成与脉冲移相环节主要由 VT1、VT2、VT3、C_2、VS 等元器件组成，锯齿波是由恒流源电流对 C_2 充电形成的。在图 1-40 中，VT1、VS、R_{P2}、R_3 组成了一个恒流源电路。

　　(1) 当 VT2 截止时，恒流源电流 I_{C1}，对电容 C_2 进行充电，电容 C_2 两端的电压 u_{C2} 为

$$u_{C2} = \frac{1}{C_2}\int I_{C1}\,\mathrm{d}t = \frac{1}{C_2}I_{C1}t$$

可见，u_{C2} 是随时间线性变化的，其充电斜率为 $\dfrac{I_{C1}}{C_2}$。调节电位器 R_{P2}，可改变 C_2 的恒定充电电流 I_{C1}，也就是 R_{P2} 是用来调节锯齿波斜率的。

　　(2) 当 VT2 导通时，由于电阻 R_4 的阻值很小，所以，电容 C_2 经 R_4 及 VT2 迅速放电，当 VT2 周期性的关断与导通时，电容 C_2 两端就得到了线性很好的锯齿波电压。射极跟随器 VT3 的作用是减小控制回路电流对锯齿波电压的影响。

　　(3) u_{e3}、u_P、u_{ct} 三个信号通过电阻 R_6、R_7、R_8 的综合作用形成 u_{b4}，它控制 VT4 的导通与关断。根据叠加原理，在考虑一个信号在 b4 点的作用时，可以将另外两个信号接地。

　　1) 当只考虑 u_{e3} 单独作用时，它在 b4 点形成的电压 u'_{e3} 为

$$u'_{e3} = u_{e3}\frac{R_7 /\!/ R_8}{R_6 + (R_7 /\!/ R_8)}$$

可见，u'_{e3} 仍为一锯齿波，但其斜率要比 u_{e3} 低。

　　2) 当只考虑 u_P 单独作用时，它在 b4 点形成的电压 u'_P 为

$$u'_P = u_P\frac{R_6 /\!/ R_7}{R_8 + (R_6 /\!/ R_7)}$$

可见，u'_P 仍为与 u_P 平行的一条直线，但绝对值比 u_P 小。

　　3) 当只考虑 u_{ct} 单独作用时，它在 b4 点形成的电压 u'_{ct} 为

$$u'_{ct} = u_{ct}\frac{R_6 /\!/ R_8}{R_7 + (R_6 /\!/ R_8)}$$

可见，u'_{ct} 仍为与 u_{ct} 平行的一条直线，但绝对值比 u_{ct} 小。

　　当 $u_{ct} = 0$ 时，VT4 的基极电压 u_{b4} 的波形由 $u'_{e3} + u'_P$ 决定，如图 1-41 所示。控制偏移电压 u_P 的大小（u_P 为负值），使锯齿波向下移动。当 u_{ct} 从 0 增加时，VT4 的基极电位 u_{b4} 的波形就由 $u'_{e3} + u'_{ct} + u'_P$ 决定，由于 VT4 的作用，其基极电压的实际波形与上述分析所确定的电压波形有些差异，即当 u_{b4} ≥ 0.7V 以后，VT4 由截止转为饱和导通，这时，u_{b4} 被钳位在

0.7V，u_{b4} 实际波形如图 1-41 所示。图中，u_{b4} 电压上升到 0.7V 的时刻，即为 VT4 由截止转为导通的时刻，也就是在该时刻电路输出脉冲。如果把偏移电压 u_P 调整到某特定值而固定时，调节控制电压 u_{ct} 就能改变 u_{b4} 波形上升到 0.7V 的时间，也就改变了 VT4 由截止转为导通的时间，即改变了输出脉冲产生的时刻；也就是说，改变控制电压 u_{ct} 就可以移动脉冲的相位，从而达到脉冲移相的目的。

　　由上述分析及图 1-41 所示波形可知，电路中设置负偏移电压 u_P 的目的是为了确定 $u_{ct}=0$ 时脉冲的初始相位。以三相全控桥式电路为例，当负载大电感电流连续时，电路的脉冲初始相位在控制角 $\alpha=90°$ 的位置；对于可逆系统，电路需要在整流与逆变两种状态下工作，这时要求脉冲的移相范围约为 180°，考虑锯齿波电压波形两端的非线性，因此要求锯齿波的宽度大于 180°，如 240°，此时使脉冲初始位置调整到锯齿波的中点位置（即 120°处），对应主电路 $\alpha=90°$ 位置。如果 $u_{ct}>0$，脉冲左移，$\alpha<90°$，电路处于整流工作状态；如果 $u_{ct}<0$，脉冲右移，$\alpha>90°$，电路处于逆变工作状态。

　　3. 同步电压环节

　　对于同步信号为锯齿波的触发电路，与主电路同步是指要求锯齿波的频率与主电路电源的频率相同且相位关系固定。由图 1-40 可知，锯齿波是由开关管 VT2 控制的，VT2 由导通变为截止期间产生锯齿波，截止持续时间就是锯齿波的宽度。

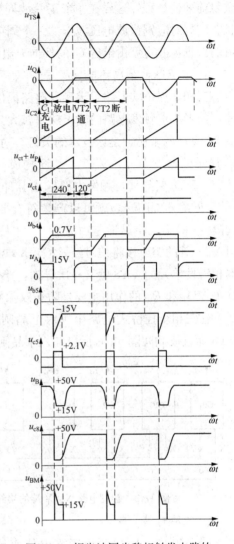

图 1-41　锯齿波同步移相触发电路的工作波形

VT2 开关的频率就是锯齿波的频率，要使触发脉冲与主回路电源同步，保证 VT2 开关的频率与主回路电源同步就可实现。为控制 VT2 的开关频率与主回路电源频率相同，同步环节要设置一个同步变压器 TS，用 TS 二次侧电压来控制 VT2 的通断，从而保证触发电路发出的脉冲与主回路电源同步。

　　如图 1-41 所示，当同步变压器二次电压 u_{TS} 波形在负半周下降沿时，VD1 导通，u_{TS} 通过 VD1 为 C_1 充电，其极性为下正上负，忽略 VD1 的正向压降，u_Q 的波形与 u_{TS} 波形一致，这时，VT2 基极由于受反偏而截止。当 u_{TS} 波形在负半周上升沿时，+15V 电压经 R_1 为 C_1 反向充电，由于受电容 C_1 反向充电时间常数 R_1C_1 的影响，Q 点电压 u_Q 比 u_{TS} 上升缓慢，所以 VD1 承受反偏而截止。当 Q 点电位被反向充电上升到 1.4V 左右时，VT2 导通，Q 点电位被钳位在 1.4V，直到 u_{TS} 下一个负半周开始时，VD1 重新导通、VT2 重新截止，以后重复前面的过程，这样在一个正弦波周期内，VT2 工作在截止与导通的两个状态。这两个状态刚好对应锯齿波电压波形的一个周期，从而与主回路电源频率完全一致，达到了同步的目的。锯齿波宽度由电容 C_1 的反向充电时间常数 R_1C_1 决定。

4. 双窄脉冲形成环节

三相全控桥式电路要求触发电路提供宽脉冲（60°＜脉宽＜120°）或间隔为 60°的双窄脉冲，前者要求触发电路的输出功率较大，所以采用较少，一般多采用后者。触发电路实现间隔 60°发出两个脉冲是该技术的关键。对于三相全控桥，与六个晶闸管对应要有六个如图 1-40 所示的触发单元，VT5、VT6 构成一个"或"门电路，不论哪一个管子截止，都能使 VT7、VT8 管导通，触发电路输出脉冲。所以，只要用适当的信号控制 VT5 或 VT6 截止（前后间隔 60°相位），就可以产生符合要求的双脉冲。本相触发单元发出第一个脉冲以后，间隔 60°的第二个脉冲是由滞后 60°相位的后一相触发单元在产生自身第一个脉冲的同时，由 VT4 管的集电极将信号经 R_{17} 至 X 端送到本相触发单元的 Y 端，使 VT6 瞬间截止，于是本相触发单元的 VT8 管又一次导通，第二次输出一个脉冲，因而得到间隔 60°的双窄脉冲，其中 VD4 和 R_{17} 的作用主要是防止双脉冲信号相互干扰。

在三相全控桥式电路中，六个晶闸管的触发顺序是 VT1、VT2、VT3、VT4、VT5、VT6 而且彼此间隔 60°，所以与六个晶闸管对应的各相触发单元之间信号传送线路具体连接

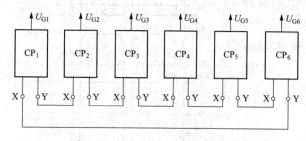

图 1-42　触发电路 X、Y 端的接线

方法是：后一个触发单元的 X 端接至前一个触发单元的 Y 端。例如，VT2 管触发单元的 X 端应接至 VT1 管触发单元的 Y 端，而 VT1 管触发单元的 X 端应接至 VT6 管触发单元的 Y 端，各相触发单元之间双脉冲环节的连接方法如图 1-42 所示。

5. 脉冲封锁

图 1-40 中，VD5 阴极接零电位或负电位，使 VT7、VT8 截止，可以实现脉冲封锁。VD5 用来防止接地端与负电源之间形成大电流通路。

6. 强触发环节

图 1-40 中，36V 交流电压经整流、滤波后得到 50V 直流电压，经 R_{15} 对 C_6 充电，B 点电位为 50V。当 VT8 导通时，C_6 经脉冲变压器一次侧 R_{16}、VT8 迅速放电，形成脉冲尖峰，由于 R_{16} 的阻值很小，B 点电位迅速下降。当 B 点电位下降到 14.3V 时，VD15 导通，B 点电位被 15V 电源钳位在 14.3V，形成脉冲平台。R_{14}、$C5$ 组成加速电路，用来提高触发脉冲前沿陡度。

强触发可以缩短晶闸管开通时间，提高电流上升率承受能力，有利于改善串、并联元件的动态均压和均流，提高触发可靠性。

1.5.4　集成触发电路

目前国内生产的集成触发器有 KJ 系列和 KC 系列。工业现场使用的国外生产的主要有

西门子的 TCA 系列，如 TCA785。

　　KC 系列包括 KC04、KC09、KC41C 等型号，其中 KC04 移相触发器主要用于单相或三相全控桥式装置。KC09 是 KC04 的改进型，两者可互换，也适用于单相、三相全控式整流电路中的移相触发，可输出两路相位差的脉冲。它们都具有输出负载能力大、移相性能好以及抗干扰能力强的特点。KC41C 是一种双脉冲发生器，KC04 和 KC41C 可组成三相全控桥式触发电路。

　　1. KC04 移相触发器

　　（1）KC04 移相触发器的主要技术指标。

　　电源电压：DC±15V（允许波动±5%）；

　　电源电流：正电流≤15mA，负电流≤8mA；

　　移相范围：<180°（同步电压 U_S＝30V 时，为150°）；

　　脉冲宽度：400μs～2ms；

　　脉冲幅值：≥13V；

　　最大输出能力：100mA；

　　正负半周脉冲不均衡：≤±3°；

　　环境温度：−10℃～70℃。

　　（2）内部结构与工作原理，如图 1-43 所示。

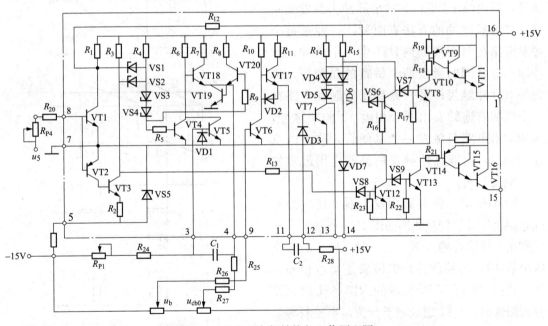

图 1-43　KC04 内部结构与工作原理图

　　1）同步环节。同步环节由 VT1～VT4 等组成，同步电压 u_S 经限流电阻 R_{20} 加到 VT1、VT2 的基极。在同步电压正半波 u_S＞0.7V 时，VT1 导通，VT4 截止；在同步电压负半波 u_S＜−0.7V 时，VT1 截止，VT2、VT3 导通，VT4 截止；只有在 $|u_S|$＜0.7V 时，VT1、VT2、VT3 均截止，VT4 导通。

　　2）锯齿波形成。VT4 截止时，C_1 充电，形成锯齿波的上升段，VT4 导通时，C_1 放电，形成锯齿波的下降段，每周期形成两个锯齿波。锯齿波宽度小于180°。

3）移相环节。移相环节由VT6及外接元件组成，其基极信号是锯齿波电压、偏移电压和控制电压的综合。改变VT6基极电位，VT6导通时刻随之改变，实现了脉冲移相。

4）脉冲形成环节。脉冲形成环节由VT7等组成，平时VT7导通，电容C_2充电为左正右负。VT6导通时，其集电极电位突然下降，同时引起VT7因基极电位下降而截止。电容C_2放电并反充电为左负右正。当VT7基极电位$U_{b7} \geqslant$ 0.7V时，VT7导通，VT7集电极有脉冲输出。VT7集电极每周期输出间隔180°的两个脉冲。

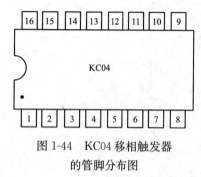

图1-44　KC04移相触发器的管脚分布图

5）脉冲分选环节。脉冲分选环节由VT8、VT12组成，脉冲分选是保证同步电压正半周VT8截止，同步电压负半周VT12截止，使得触发电路在一周内有两个相位上相差180°的脉冲输出。

KC04移相触发器的管脚分布如图1-44所示，KC04部分管脚的波形如图1-45所示。

2. KC41C六路双脉冲发生器

三相全控桥式整流电路要求用双窄脉冲触发，即用两个间隔60°的窄脉冲去触发晶闸管。产生双脉冲的方法有两种：一种是每个触发电路在每个周期内只产生一个脉冲，脉冲输出电路同时触发两个桥臂的晶闸管，称为外双脉冲触发；另一种是每个触发电路在一个周期内连续发出两个相隔60°的窄脉冲，脉冲输出电路只触发一个晶闸管，称为内双脉冲触发，内双脉冲触发是目前应用最多的一种触发方式。

KC41C是一种双脉冲发生器，其内部原理电路及外部管脚接线图如图1-46所示。①～⑥脚是6路脉冲输入端（如三片KC04的6个输出脉冲），每路脉冲由二极管送给本相和前相，再由VT1～VT6组成的六路电流放大器分六路输出。VT7组成电子开关，当控制端⑦脚接低电平时，VT7截止，⑪～⑯脚有脉冲输出。当控制端⑦脚接高电平时，VT7导通，各路输出脉冲被封锁。利用三片KC04和一片KC41C可组成三相全控桥式触发电路，如图1-47所示。

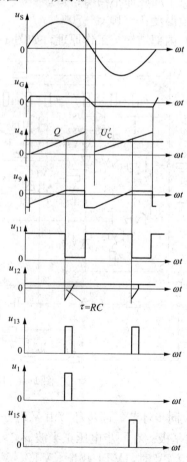

图1-45　KC04部分管脚的电压波形图

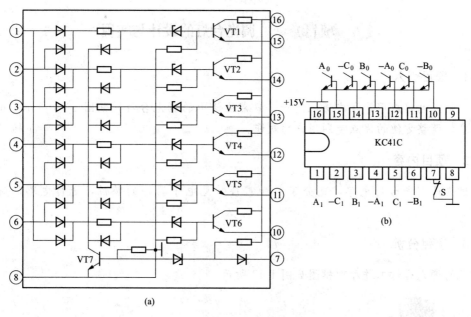

图 1-46 KC41C 原理及其外部管脚接线图

（a）原理图；（b）管脚接线图

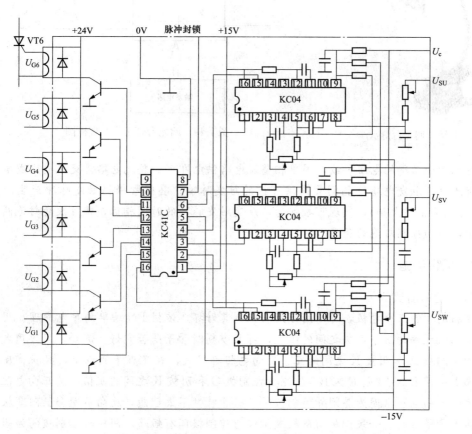

图 1-47 KC41C 和 KC04 组成双窄脉冲触发电路图

项目1　　调光台灯的设计与实现

1.1　项目引入

电子调光电路应用非常广泛，例如，日常生活中的调光台灯，如图 1-48 所示。由于其价格低廉，调整方便的优点受到用户的欢迎。

1.2　项目内容

通过设计调光台灯电路，充分了解和掌握常见电子器件的特性，进行电路的焊接和调试。

1.3　项目分析

常见的调光台灯工作原理框图如图 1-49 所示。

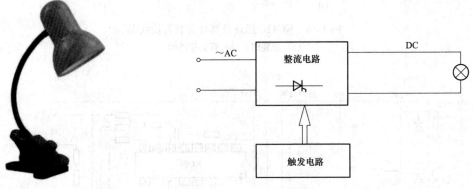

图 1-48　调光台灯　　　　　　　图 1-49　调光台灯工作原理框图

台灯属于小功率的电阻负载，用单相整流电路供电即可。整流电路将交流电变成单方向的脉动直流电。触发电路给晶闸管提供可控的触发脉冲。晶闸管根据触发脉冲产生的时刻（即触发延迟角 α 的大小），实现可控导通，改变触发脉冲的时间相位，就可改变灯泡两端电压的大小，从而控制灯泡的亮度。

1.4　项目实施

1. 晶闸管的测试

对于晶闸管的三个电极，可以用万用表粗测其好坏。依据 PN 结单向导电原理，用万用表欧姆挡测试元件的三个电极之间的阻值，可初步判断管子是否完好。例如，用万用表 $R \times 1k\Omega$ 挡测量阳极 A 和阴极 K 之间的正、反向电阻都很大，在几百千欧以上，且正、反向电阻相差很小；用 $R \times 10$ 或 $R \times 100$ 挡测量控制极 G 和阴极 K 之间的阻值，其正向电阻应小于或接近于反向电阻（因为晶闸管控制极的二极管特性不太理想，反向不完全呈阻断状态），这样的晶闸管是好的。如果阳极与阴极或阳极与控制极间有短路，阴极与控制极间为短路或断路，则晶闸管是坏的。

2. 调光台灯电路设计与调试

（1）调光台灯工作原理如图 1-50 所示。

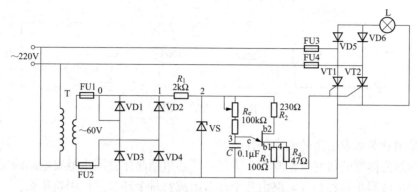

图 1-50 调光台灯工作原理

（2）元器件检测。

1）清点元器件：按图 1-50 核对元器件的数量、型号和规格。

2）元器件检测：用万用表对元器件逐一进行检测。

（3）电路板的插装与焊接。

1）元器件安装与焊接。将元器件安装和焊接在电路板上，安装的原则是先轻后重，先低后高，先里后外，易碎件后装，上道工序不得影响下道工序的安装。安装后，要及时进行检查，检查无误后方可焊接。

要求焊点大小适中，无漏、假、虚、连焊现象；焊点光滑、圆润、无毛刺；引脚及导线长度符合工艺要求等。

2）焊后处理。焊后剪去多余引脚；对缺陷焊点进行修补；对印制电路板进行必要清理等。

（4）电路检查。元器件装配完毕后，整理元器件的排列，不得有相碰或歪斜现象；并检查安装和焊接质量，为下道工序通电检查做好准备。

（5）调试。安装完毕的电路经检查确认无误后，接通电源进行调试。先给控制电路接通电源，控制电路调试无误后，再给主电路接通电源。

控制电路的调试步骤是：将 R_P 调到较大数值，在控制电路接上电源后，用示波器观测图 1-50 中 0 点、1 点、2 点、3 点、4 点的波形，并对观测结果进行分析。

确保控制电路工作正常后，将 R_P 调到较大数值，可以接通调光台灯主电路，观测台灯的亮度，测量灯泡两端的电压数值，改变 R_P 的大小，观测亮度的改变。

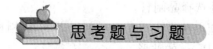

思考题与习题

1.1 晶闸管的导通条件是什么？怎样才能使晶闸管由导通变为关断？

1.2 如何用万用表判别晶闸管的好坏？

1.3　晶闸管的型号为 KP100-3，其维持电流 $I_H=4mA$，应用在如图 1-51 所示的三个电路中，是否合理？为什么？（不考虑电压和电流的裕量）

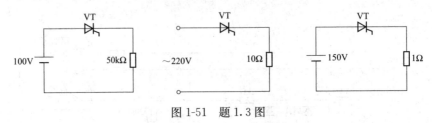

图 1-51　题 1.3 图

1.4　晶闸管对触发电路的要求是什么？

1.5　单结晶体管的伏安特性有什么表现？简述单结晶体管同步触发电路的工作原理。

1.6　锯齿波同步移相触发电路由几个环节组成？每个环节的作用是什么？

1.7　单相半波相控整流电路向电阻性负载供电，已知交流电源电压 $U_2=220V$，负载电阻 $R_d=50\Omega$，试分别画出控制角 $\alpha=30°$ 和 $\alpha=60°$ 时负载电压 u_d、电流 i_d 及晶闸管两端电压 u_{VT} 的波形。

1.8　一电热装置（电阻性负载）要求直流平均电压 60V，负载电流 20A，采用单相半波可控整流电路直接从 220V 交流电网供电。试计算晶闸管的控制角 α、导通角 θ、电源容量 S 及功率因数 $\cos\varphi$，并选择晶闸管型号。

1.9　单相半波可控整流电路带大电感负载时，为什么必须在负载两端反并接续流二极管，电路才能正常工作？

1.10　在单相全控桥式整流电路中，如果有一只晶闸管因为过流而烧成断路，该电路的工作情况将如何？如果这只晶闸管被烧成短路，该电路的工作情况又会如何？

1.11　单相全控桥式可控整流电路，带大电感负载，电源电压 $U_2=110V$，负载电阻 $R_d=4\Omega$。试计算：当控制角 $\alpha=30°$ 时，①整流输出的平均电压 U_d 和电流 I_d；②若在负载两端反并接续流二极管，其 U_d、I_d 又是多少？此时流过晶闸管和续流二极管的电流平均值和有效值又是多少？③考虑两倍的安全裕量，晶闸管的额定电压和额定电流值。④画出输出电压 u_d、输出电流 i_d 和晶闸管两端电压 u_{VT1} 的波形。

1.12　单相半控桥式整流电路中续流二极管的作用是什么？在何种情况下，流过续流二极管的电流平均值大于流过晶闸管的电流平均值？

1.13　单相半控桥式可控整流电路带电阻性负载，要求输出平均直流电压在 $0\sim80V$ 内连续可调，在 40V 以上时要求负载电流能达到 20A，最小控制角 $\alpha_{min}=30°$，试求当分别采用 220V 交流电网直接供电和采用降压变压器供电时流过晶闸管电流的有效值、晶闸管的导通角及电源容量。

1.14　三相半波可控整流电路，电阻性负载，已知电源电压 $U_2=220V$，$R_d=20\Omega$，当 $\alpha=90°$ 时，试计算 U_d、I_d 并选择晶闸管。

1.15　三相半波可控整流电路带大电感负载时，若与 V 相相连的晶闸管的触发脉冲丢失，试画出 $\alpha=30°$ 时输出电压 u_d 的波形。

1.16　三相桥式全控整流电路，若其中一只晶闸管短路时，电路会发生什么情况？

1.17　三相桥式全控整流电路带电感性负载，其中 $L_d=0.2H$，$R_d=4\Omega$，要求 U_d 从

0 ～220V 之间连续可调。试计算：

(1) 整流变压器二次侧线电压是多少？

(2) 考虑取两倍裕量，选择晶闸管的型号；

(3) 整流变压器二次侧容量 S_2；

(4) $\alpha = 0°$ 时，电路的功率因数 $\cos\varphi$；

(5) 当触发脉冲距对应的一次侧相电压波形原点多少度时，U_d 为零。

模块 2　有源逆变电路与卷扬机

由模块 1 可知，整流电路是把交流电变换为直流电的电路。在生产实践中，往往还需要有相反的过程，即把直流电转变成交流电的过程，这种过程称为逆变。把直流电逆变成交流电的电路称为逆变电路。逆变又分为有源逆变与无源逆变。有源逆变是将直流电变成和电网同频率的交流电反送到交流电网中的过程，无源逆变则是将直流电变成某一频率或可调频率的交流电直接供给负载使用的过程。有源逆变电路常用于直流可逆调速系统、交流绕线转子异步电动机串级调速以及高压直流输电等方面。无源逆变电路常用于交流变频调速等方面。

本模块结合卷扬机双向运行，说明有源逆变电路的工作过程。

专题 2.1　有源逆变的概念

2.1.1　有源逆变过程的能量传递

图 2-1 所示为直流发电机—电动机系统，M 为他励直流电动机，G 为他励直流发电机，电机励磁回路均未画出。控制发电机 G 电动势的大小和与极性可实现直流电动机 M 的四象限的运行。现就以下几种情况分析电路中能量关系。

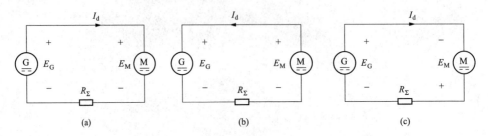

图 2-1　直流电动机—发电机之间电能的传递

(a) E_G 和 E_M 同极性连接 $E_G > E_M$；(b) E_G 和 E_M 同极性连接 $E_M > E_G$；(c) E_G 和 E_M 反极性连接

图 2-1 (a) 中，电动机 M 运行，发电机向电动机供电，$E_G > E_M$，电流 I_d 从 G 流向 M，电流 $I_d = (E_G - E_M) / R_\Sigma$，发电机输出的电功率为 $I_d E_G$，电动机吸收的电功率为 $I_d E_M$，电能由发电机流向电动机，转变为电动机轴上输出的机械能。

图 2-1 (b) 中，电动机 M 运行在发电制动状态，此时，电流反向，从 M 流向 G。故电动机输出电功率，发电机吸收电功率，电动机轴上的机械能转变为电能反送给发电机。

在图 2-1 (c) 中，改变电动机励磁电流方向，使 E_M 的方向与 E_G 一致，这时两个电动势顺向串联起来，向电阻 R_Σ 供电，发电机和电动机都输出功率，由于 R_Σ 的阻值一般都很小，实际上形成短路，产生很大的短路电路，这是不允许的。

通过上述分析，可有下述结论：

(1) 无论电源是逆串还是顺串，只要电流从电源正极端流出，则该电源就输出功率；反之，若电流从电源正极端流入，则该电源就吸收功率。

（2）两个电源逆串连接时，回路电流从电动势高的电源正极流向电动势低的电源正极。如果回路电阻很小，即使两电源电动势之差太小，也可产生足够大的回路电流，使两电源间交换很大的功率。

（3）两个电源顺串连接时，相当于两电源电动势相加后再通过 R_Σ 短路，若回路电阻 R_Σ 很小，则回路电流会非常大，这种情况在实际应用中应当避免。

2.1.2　有源逆变的工作原理

为了便于分析有源逆变电路的工作原理，现以单相全控桥式晶闸管变流电路——直流电动机系统为例进行说明。具体电路如图 2-2 所示。图中，直流电动机带动设备为卷扬机。

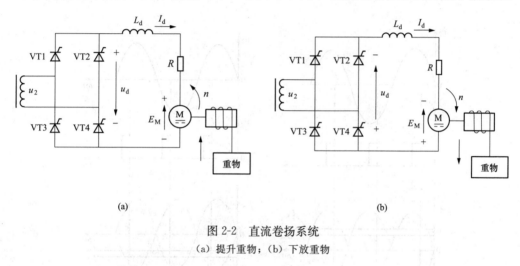

图 2-2　直流卷扬系统
（a）提升重物；（b）下放重物

1. 整流工作状态（$0 < \alpha < \pi/2$）

由模块 1 的学习已知，对于单相全控整流电路，当控制角 α 在 $0 \sim \pi/2$ 之间的某个对应角度触发晶闸管时，上述电路输出的直流平均电压为 $U_d = U_{d0}\cos\alpha$，因为此时 α 均小于 $\pi/2$，故 U_d 为正值。在该电压作用下，直流电动机转动，卷扬机将重物提升起来，直流电动机转动产生的反电动势为 E_M，且 E_M 略小于输出直流平均电压 U_d，此时电枢回路的电流为

$$I_d = \frac{U_d - E_M}{R} \tag{2-1}$$

2. 中间状态（$\alpha = \pi/2$）

当卷扬机将重物提升到要求高度时，自然就需在某个位置停住，这时只要将控制角 α 调到等于 $\pi/2$ 的位置，变流器输出电压波形中，其正、负面积相等，电压平均值 U_d 为 0，电动机停转（实际上采用电磁抱闸断电制动），反电动势 E_M 也同时为 0。此时，虽然 U_d 为 0，但仍有微小的直流电流存在，电路处于动态平衡状态，与电路切断、电动机停转具有本质的不同。

3. 有源逆变工作状态（$\pi/2 < \alpha < \pi$）

当重物下放时，由于重力对重物的作用，必将牵动电机使之向与重物提升相反的方向转动，电机产生的反电势 E_M 的极性也随之反相。如果变流器仍工作在 $0 < \alpha < \pi/2$ 的整流状

态，从上面曾分析过的电源能量流转关系不难看出，此时将发生电源间类似短路的情况。为此，只能让变流器工作在 $\alpha > \pi/2$ 的状态，因为当 $\alpha > \pi/2$ 时，其输出直流平均电压 U_d 为负，出现类似图 2-1（b）两电源同时反向的情况，此时如果能满足 $E_M > U_d$，则回路中的电流为

$$I_d = \frac{E_M - U_d}{R} \tag{2-2}$$

电流的方向是从电动势 E_M 的正极流出，从电压 U_d 的正极流入，电流方向未变。显然，这时电动机为发电状态运行，对外输出电能，变流器吸收上述能量并馈送回交流电网去，电路进入到有源逆变工作状态。

上述直流卷扬机系统的电压、电流波形如图 2-3 所示。

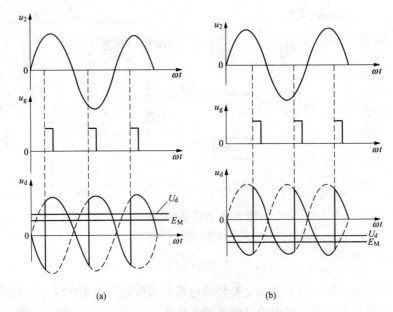

图 2-3　直流卷扬系统的电压电流波形
（a）整流；（b）有源逆变

现在应深入分析的问题是：上述电路在 $\alpha > \pi/2$ 时是否能够工作？如何理解输出直流平均电压 U_d 为负值的含义？

上述晶闸管供电的卷扬机系统中，当重物下降，电动机反转并进入发电状态运行时，电动机电动势 E_M 实际上成了使晶闸管正向导通的电源。当 $\alpha > \pi/2$ 时，只要满足 $E_M > |u_2|$，晶闸管就可以导通工作，在此期间，电压 u_d 大部分时间均为负值，其平均电压 U_d 自然为负，电流则依靠电动机电动势 E_M 及电感 L_d 两端感应电动势的共同作用进行维持。正因为上述工作的特点，才出现了电动机输出能量，变流器吸收并通过变压器向电网回馈能量的情况。

由于电流方向未改变，故电机电磁转矩方向也保持不变。由于此时电机以反向旋转，上述电磁转矩为制动转矩。若制动转矩与重力形成的机械转矩平衡，则重物匀速下降，电机运行与发电制动状态。

由以上分析可以得到，实现有源逆变的基本条件如下。

1. 外部条件

系统中要有一个直流电势源，其极性与晶闸管的导通方向一致，其值应稍大于变流器直流侧输出的直流平均电压。这种直流电势源可以是直流电机的电枢电动势，也可以是蓄电池电动势。

2. 内部条件

要求变流器中晶闸管的控制角 $\alpha > \pi/2$，这样才能使变流器直流侧输出一个负的平均电压，以实现直流电源的能量向交流电网的流转。

为分析和计算方便，通常把逆变工作时的控制角改用 β 表示，令 $\beta = \pi - \alpha$，称为逆变角。变流器整流工作时，$\alpha < \pi/2$，相应的 $\beta > \pi/2$，而在逆变工作时，$\alpha > \pi/2$，相应的 $\beta < \pi/2$。

应当指出，对于半控桥或者带有续流二极管的可控整流电路，因为它们在任何情况下均不可能输出负电压，也不允许直流侧接上与直流输出反极性的直流电动势，所以这些电路不能实现有源逆变。有源逆变条件的获得，必须视具体情况进行分析。例如，上述直流电动机拖动卷扬机系统，电动机电动势 E_M 的极性可随重物的"提升"与"降落"自行改变并满足逆变的要求。对于电力机车，上、下坡道行驶时，因车轮转向不变，故在下坡发电制动时，其电动机电动势 E_M 的极性不能自行改变，为此必须采取相应措施，例如可利用极性切换开关来改变电动机电动势 E_M 的极性，否则系统将不能进入有源逆变状态运行。

专题 2.2　三相有源逆变电路

常用的有源逆变电路，除单相全控桥电路外，还有三相半波和三相全控桥电路等。

2.2.1　三相半波有源逆变电路

图 2-4（a）所示为三相半波有源逆变电路。电路中电动机产生的电动势 E_M 为上负下正，令控制角 $\alpha > 90°$ 即 $\beta < 90°$，以使 U_d 为上负下正，且满足 $|E_M| > |U_d|$，则电路符合有源逆变的条件，可实现有源逆变。

下面以 $\beta = 30°$（$\alpha = 150°$）为例来分析三相半波有源逆变电路的工作原理，其工作波形如图 2-4（b）所示。

当 $\omega t = \omega t_1$，即 $\beta = 30°$ 时，触发电路发出的触发脉冲 u_{G1} 用来触发 U 相的晶闸管 VT1，此时晶闸管 VT1 承受的电压瞬时值为正，所以 VT1 导通。由 E_M 提供能量，有电流 i_d 流过晶闸管 VT1，同时有 $u_d = u_U$ 的电压波形输出。由于有互相间隔 120° 的脉冲轮流触发相应的各晶闸管，因此就得到了 u_d 电压波形，其直流平均电压 U_d 为负值。由于接有大电感 L_d，因此 i_d 为一平直连续的直流电流 I_d。

三相半波有源逆变电路，直流侧电压平均值 u_d 为

$$U_d = U_{d0} \cos\alpha = -U_{d0} \cos\beta = -1.17 U_2 \cos\beta \tag{2-3}$$

输出直流电流平均值 I_d 为

$$I_d = \frac{E_M - U_d}{R_\Sigma} \tag{2-4}$$

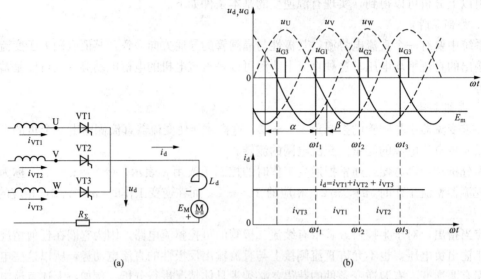

图 2-4 三相半波有源逆变电路

(a) 电路；(b) $\beta=30°$时工作波形

由于晶闸管的单向导电性，电流的方向仍和整流时一样。由电流的方向和电源的极性可以明显地看出，E_M 提供能量，而变流器吸收直流能量变成和电源同频率的交流能量送到电网中去，另一部分消耗在回路电阻上。

当 $\omega t = \omega t_1$ 时，虽然 $u_U = 0$，但晶闸管 VT1 承受的电压瞬时值 $u_U + E_M > 0$，所以，VT1 仍能导通。在 $\omega t_1 < \omega t < \omega t'_1$ 期间，由图 2-4（b）可知，虽然 $u_U < 0$，但由于 E_M 的作用，仍能保证 VT1 承受正向电压而继续导通。

当 $\omega t > \omega t'_1$ 时，E_M 绝对值小于 U 相电压的绝对值，虽然 $u_U + E_M < 0$，但电路中由于接入了电抗器 L_d，这时 L_d 端感应出一个左负右正的电压 u_L，使 VT1 两端承受的电压 $u_U + u_L + E_M > 0$ 仍能继续导通，VT1 管导通 $120°$，直到 $\omega t = \omega t_2$ 时刻，触发脉冲 u_{G2} 触发 VT2 管为止。

当 $\omega t = \omega t_2$ 时，VT2 管由于具备导通的条件而导通，VT1 管因承受电压 $u_{UV} < 0$ 而关断，由于 VT2 管导通，电路输出电压 u_d 为 V 相电压 u_V，VT2 管导通 $120°$以后，由于 VT3 管被触发导通致使 VT2 管关断，从而负载上得到的电压 u_d 为 W 相电压 u_W。以后重复上述过程，电路输出电压 u_d 的波形如图 2-4（b）所示。变流器的直流电压为

$$U_d = 1.17U_2\cos\alpha = -1.17U_2\cos\beta \tag{2-5}$$

电路触发脉冲控制角 α 在 $0° \sim 90°$ 时为整流状态，在 $90° \sim 180°$ 时为逆变状态，即有源逆变角 β 在 $90° \sim 0°$ 之间变化。

2.2.2　三相桥式有源逆变电路

三相桥式有源逆变电路与三相桥式整流电路一样，图 2-5 所示为三相桥式有源逆变电路，与三相半波有源逆变电路相比，由于变压器绕组在电源正、负半周内都有电流通过，所以提高了变压器的利用率，消除了变压器的直流磁化问题。

　　三相桥式有源逆变电路的基本工作原理是：逆变电路同样应该满足逆变条件，即直流侧具有足够大的电感，输出电流波形连续平直，电动机电动势 E_M 极性及大小都已具备逆变条件。如图 2-5 所示，对应于 U、V、W 三相电源，共阴极的三个晶闸管为 VT1、VT3、VT5；共阳极的三个晶闸管为 VT4、VT6、VT2。为了保证电路构成通路，晶闸管必须成对导通，且该两个晶闸管必须分别属于共阴极组和共阳极组，和三相桥式整流电路一样，一个周期内，每个管子导通 120°，两组的自然分流点对应相差 60°，每隔 60° 换相一次，顺序为 VT1→VT3→VT5→VT1，VT2→VT4→VT6→VT2 管，以下以 $\beta = 30°$ 为例分析其工作原理。

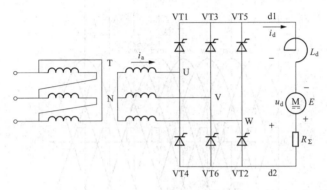

图 2-5　三相桥式有源逆变电路

　　如图 2-5 及图 2-6 所示，设在 $\omega t = \omega t_1$ 之前，电路已正常工作，即晶闸管 VT5 和 VT6 已经导通 60°，当 $\omega t = \omega t_1$ 时（对应于 $\beta = 30°$），晶闸管 VT1 的触发脉冲到来，这时 VT1 管的阳极电位 u_U 高于 VT5 管的阳极电位 u_W，具备导通条件（共阴极组的管子朝阳极电位更高的方向换相，共阳极组的管子朝阳极电位更低的方向换相），因此 VT1 被触发导通，VT5 由于承受反压而关断，输出电压 u_d 为线电压 u_{UV}。在 $\omega t_1 < \omega t < \omega t_2$ 期间，虽然 $u_{UV} < 0$，但由于外接直流电源 E_M 和 L_d 的作用，管子 VT1 和 VT6 两端承受的电压 $u_{UV} + E_M + u_L > 0$，所以它们能够导通。I_d 的流通方向从 E_M 的正极流出，经 VT6 管流入 V 相，再由 U 相流出，经 VT1 管回到 E_M 的负极，直流电源 E_M 输出功率，交流电源吸收功率。当 VT1 和 VT6 导通 60° 以后，即 $\omega t = \omega t_2$ 时刻，晶闸管 VT2 的触发脉冲到来，这时 VT2 管的阳极电位 u_W 低于 VT6 管的阴极电位 u_V，所以 VT2 管被触发导通，VT6 管由于承受反压而关断，这样，输出到负载的电压 u_d 为线电压 u_{UW}。以后按照管子的导通顺序依次触发管子 VT3、VT4、VT5、VT6，从而在负载上得到的电压 u_d 分别为 u_{VW}、u_{VU}、u_{WU}、u_{WV}。三相桥式有源逆变电路 $\beta = 30°$ 时的波形如图 2-6 所示，每个周期内，输出电压 u_d 的波形由六段形状相同的电压波形组成。

　　通过以上分析可得出以下规律：晶闸管触发顺序为 VT1、VT2、VT3、VT4、VT5、VT6。晶闸管导通过程中的配合关系为 VT6、VT1、VT1、VT2、VT2、VT3、VT3、VT4、VT4、VT5、VT5、VT6。对应于以上晶闸管导通的配合关系，输出电压波形的顺序为 u_{UV}、u_{UW}、u_{VW}、u_{VU}、u_{WU}、u_{WV}。三相桥式电路相当于两组三相半波电路的串联，所以其逆变电压的平均值是三相半波电路逆变电压的两倍。

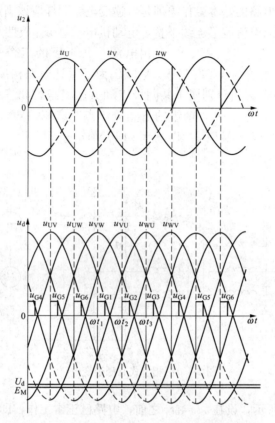

图 2-6　三相桥式有源逆变电路 $\beta = 30°$ 时的波形

专题 2.3　逆变失败的原因及最小逆变角的限制

2.3.1　逆变失败的原因

晶闸管变流装置工作在逆变状态时，如果出现输出电压 U_d 与直流电动势 E_M 顺向串联，则直流电动势 E_M 通过晶闸管电路形成短路，由于逆变电路总电阻很小，必然形成很大的短路电流，造成事故，这种情况称为逆变失败，或称为逆变颠覆。

现以三相半波有源逆变电路为例加以说明。电路中，在 U 相晶闸管 VT1 导通期间，触发脉冲 U_{G2} 使 V 相晶闸管 VT2 导通，由 U 相正常换相到 V 相。但若出现 u_{G2} 丢失或 VT2 管损坏等故障使 VT2 无法导通，VT1 不会承受反压，因而无法关断，从而沿 U 相电压波形继续导通到电源正半周，造成电源瞬时电压与反电动势 E 顺向串联，形成很大的短路电流，导致逆变失败。

造成逆变失败的原因很多，主要有下列几种情况：

（1）触发电路工作不可靠，不能按时地、准确地给各晶闸管分配脉冲，如脉冲丢失、脉冲延迟等致使晶闸管不能正常换相，使交流电源电压和直流电动势顺向串联，形成短路。

（2）晶闸管发生故障，在应该阻断期间，器件失去阻断能力，或在应该导通时间，器件不能导通，造成逆变失败。

（3）在逆变工作时，交流电源发生缺相或突然消失，由于直流电动势 E_M 的存在，晶闸管仍可导通，此时变流器的交流侧由于失去了同直流电动势极性相反的交流电压，因此直流电动势将经过晶闸管电路而短路。

（4）换相的裕量角不足，引起换相失败，应考虑变压器漏抗引起重叠角 γ 对逆变电路换相的影响。

由于换相有一过程，且换相期间的输出电压是相邻两相电压的平均值，故逆变电压 U_d 要比不考虑漏抗时的更低（负的幅值更大）。存在重叠角会给逆变工作带来不利的后果，如以 VT3 和 VT1 的换相过程来分析，当逆变电路工作在 $\beta > \gamma$ 时，经过换相过程后，U 相电压 u_U 仍高于 W 相电压 u_W，所以换相结束时，能使 VT3 承受反压而关断。如果换相的裕量角不足，即当 $\beta < \gamma$ 时，从图 2-7 右下角的波形中可以看到，换相还未结束，电路的工作状态到达自然换相点 P 后，u_W 将高于 u_U，晶闸管 VT1 承受反压而重新关断，而应该关断的 VT3 却还承受着正向电压而继续导通，且 W 相电压随着时间的推迟越来越高，与电动势顺向串联导致逆变失败。综上所述，为了防止逆变失败，除了选用可靠的触发器不丢失脉冲信号外，必须使 $\beta \geq 30°$，即 $\beta_{min} = 30°$。

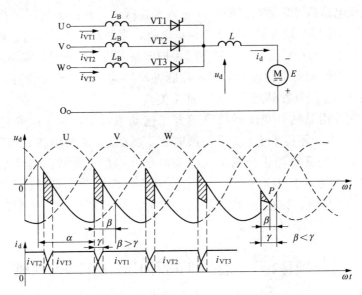

图 2-7 交流侧电抗对逆变换相过程的影响

为了防止逆变失败，应采取以下的措施：①合理选择变流装置所用晶闸管的参数；②设置过电压过电流保护环节；③触发电路工作一定要安全可靠；④输出触发脉冲逆变角的最小值应严格加以限制。

2.3.2 最小逆变角的限制

通过逆变失败原因的分析可知，为了防止逆变失败，除了选用可靠的高质量晶闸管、触发电路及稳定的电源以外，还应对最小逆变角严格加以限制，即逆变角 $\beta \geq 30°$ 或者 $\beta_{min} = 30°$。这是因为晶闸管在换相时，电流下降到零后，还必须经过 t_q 时间，才能真正关断，恢复正向阻断能力，设晶闸管关断时间 t_q 所对应的电角度为 δ ，则最小逆变角 $\beta_{\min}$ 必须大于重叠角 γ 与 δ 之和，为了防止各种可能出现的意外情况，须再考虑一定的安全裕量，所以最小逆变角应为

$$\beta_{\min} = \gamma + \delta + \theta' \qquad\qquad (2\text{-}6)$$

式中：γ 为换相重叠角。δ 为晶闸管的关断时间折合成的电角度；θ' 为安全裕量角。

晶闸管的换相重叠角 γ 与直流平均电流 I_d 和电抗 X_B 有关，它随着 I_d 和 X_B 的增加而增大。一般取 $\gamma = 15° \sim 20°$ 。至于晶闸管的关断时间 t_q 所折合成的电角度 δ ，一般来说较大容量的晶闸管关断时间可达 $200 \sim 300\mu s$，折合成电角度 $\delta = 4° \sim 5°$ 。安全裕量角 θ' 的考虑也是很必要的，因为当变压器工作在逆变状态时，由于种种原因，会影响逆变角，如不考虑裕量，势必会破坏 $\beta > \beta_{\min}$ 的关系，导致逆变失败。在三相全控桥式电路中，触发电路输出的六个脉冲，其相位间隔不可能完全对称，有的比中心线偏前，有的偏后，这种脉冲的不对称度一般可达 $5°$ 左右，偏后的那些脉冲就可能进入 $\beta_{\min}$ ，因此应设一裕量角 θ' ，另外还有其他许多原因都会影响逆变角，根据经验，一般取 $\theta' = 10°$ 。

这样，一般取

$$\beta_{\min} = \gamma + \delta + \theta' \approx 30° \sim 35° \qquad\qquad (2\text{-}7)$$

为了保证逆变电路的可靠运行，防止 β 进入 $\beta_{\min}$ 区内，在任何情况下都必须保证 $\beta > \beta_{\min}$ ，因此常在触发电路中设置最小逆变角保护电路，当触发脉冲移相时，确保逆变角 β 不小于 $\beta_{\min}$ 。具体操作是可在触发电路中加一套保护电路，使 β 减小时，移不到 $\beta_{\min}$ 区内；或者在 $\beta_{\min}$ 处设置产生附加安全脉冲的装置，此脉冲不移动，一旦当工作脉冲移到 $\beta_{\min}$ 区内时，安全脉冲保证 $\beta_{\min}$ 处触发晶闸管，防止逆变失败。

还需指出，在应用晶闸管变流器的可逆直流拖动系统中，由于限制逆变角不得小于 $\beta_{\min}$ ，为此整流控制角也不得小于 $\alpha_{\min}$ 。一般取 $\alpha_{\min} \geqslant \beta_{\min}$ ，系统由整流状态转换到逆变状态时，保证调节总可使变流器输出的最大逆变电压和电枢电动势的最大值相平衡，满足 $E_M \approx U_d$ 的条件，避免发生过电流。$\alpha_{\min}$ 、$\beta_{\min}$ 的确定，既要满足变流器工作的可靠性，又要考虑变流装置的经济性。如把 $\alpha_{\min}$ 、$\beta_{\min}$ 定得过大，就不能充分利用整流变压器的容量，同时也减小了变流器的电压调节范围。

项目2　　卷扬机正反向运行的设计与实现

2.1　项目引入

在工业生产中，起重机械应用广泛，如千斤顶、电动葫芦、电梯、矿井提升机和料斗升降机等。各种起重机械的用途不同，构造上有很大差异，但都具有实现升降这一基本效果。其中，用以提升或下降货物的起升机构一般采用卷扬式，这样的设备称为卷扬机或绞车。电动机驱动是卷扬机的主要驱动方式。交流电机和直流电机都能进行有效驱动，但各有优势。这里仅讨论使用直流电动机的工作情况。

2.2　项目内容

采用一台 4.5kW 小容量他励直流电动机拖动卷扬机用以提升和降落重物，要求电动机

转速可以从零平滑加速到额定转速，并能高速反转，且有较好的调速精度。

2.3　项目分析

调速系统框图如图 2-8 所示。

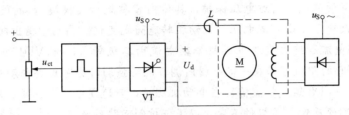

图 2-8　卷扬机调速系统框图

结合电机容量，可以选择主电路为单相交流电源。整流过程用于提升重物，通过调整晶闸管的触发装置来调整直流输出电压，即改变电机的供电电压大小，用以调节电机的转速。下放重物时，电动机发电运行，能量回馈至电网，系统工作于逆变状态。期间，通过负反馈环节调整电机转速的振荡。

2.4　项目实施

1.卷扬机控制系统结构

卷扬机控制系统如图 2-9 所示。其主电路由单相交流电源供电，直流电动机采用他励式。

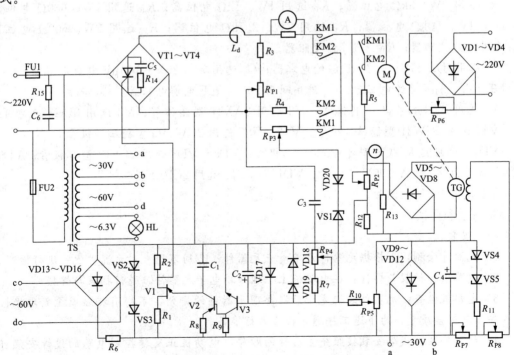

图 2-9　卷扬机控制系统

控制电路采用单结晶体管触发电路。反馈电路采用了测速负反馈，以取得较高的调速精度。同时，为了防止调速不稳定和电动机变速出现振荡的现象，采用了电压微分负反馈；为了限制电动机在高速时启动、高速反转和过载时造成的回路过电流，采用了电流截止负反馈，发生过电流时，迅速减小晶闸管的导通角。

交流侧及晶闸管两端设有过电压保护（具体内容参见后续模块），晶闸管 VT 的导通角发生变化时，就改变了输出直流电压，电动机转速随之变化。晶闸管输出回路还串入了平波电抗器 L_d，保证电流连续。直流电动机励磁电流由二极管 VD1～VD4 组成单相整流桥供电，改变电阻 RP6 的阻值可以在一定范围内调节磁场强弱，亦可调整电动机转速。

二极管 VD5～VD8 组成整流桥。当电动机反转，测速发电机 TG 发出的电压极性改变，经整流桥输出的测速反馈电压极性不变，以保证控制回路的正常工作。调节 R_{P2} 的阻值可以调节反馈电压的大小。

R_{P1}、C_3、R_{P4}、R_7 等组成电压微分负反馈，用来抑制转速的振荡。调节 R_{P1}、R_{P4} 的阻值可以调节微分负反馈的强度和时间常数。

R_4、R_{P3}、VS1、VD20 等元件组成电流截止负反馈环节。调节 R_{P3} 的阻值可以限制电流的整定值。

2. 元器件选择

R_1 选用 1/2W、300Ω 金属膜电阻器；R_2 选用 1/2W、100Ω 金属膜电阻器；R_3 选用 1/2W、3kΩ 金属膜电阻器；R_4 选用 1/4W、0.35Ω 金属膜电阻器；R_5 选用 1/4W、14Ω 碳膜电阻器；R_6 选用 1/4W、1.5kΩ 金属膜电阻器；R_7 选用 1/4W、30kΩ 碳膜电阻器；R_8、R_9 选用 1/4W、2kΩ 碳膜电阻器；R_{10} 选用 1/4W、100Ω 金属膜电阻器。

R_{P1} 选用 2W、3kΩ 电位器；R_{P2} 选用 1W、1kΩ 电位器；R_{P3} 选用 1W、680Ω 电位器；R_{P4} 选用 1W、50kΩ 电位器；R_{P5} 选用 2W、2.7kΩ 电位器；R_{P6} 选用 2W、500Ω 电位器；R_{P7} 选用 50Ω 变阻器；R_{P8} 选用 5Ω 变阻器。

C_1 选用耐压 25V、0.22μF 涤纶电容器；C_2 选用耐压 25V、100μF 电解电容器；C_3 选用耐压 16V、5μF 涤纶电容器；C_4 选用耐压 50V、5μF 电解电容器。

V1 选用 BT33D 型单结晶体管；V2 选用 3AX31 型晶体管；V3 选用 3DG32A 型晶体管；VS1 选用 2CW21 型稳压二极管；VS2～VS5 选用 2CW21G 型稳压二极管。

VD1～VD4 选用 2CZ 型 3A/500V 二极管；VD5～VD8 选用 2CP12 型二极管；VD9～VD12 选用 2CZ 型 3A/100V 二极管；VD13～VD19 选用 2CP12 型二极管。

VT 选用 400V 晶闸管。

3. 安装和调试

(1) 安装。

1) 元器件检测：①根据元器件清单清点元器件；②用万用表对元器件逐一进行检测。

2) 电路板的插装与焊接：在电路板上合理布局电子元器件，进行插装与焊接。

3) 电路板检查：元器件装配完毕后，整理元器件的排列，不得有相碰或歪斜现象；并检查安装和焊接质量，为下道工序通电检查做好准备。

4) 线路安装：线路安装按照先主后辅的顺序，电动机正反转控制电路的设计安装可参考图 2-10，安装完成后用万用表测试是否有短路和断路故障。

(2) 调试。

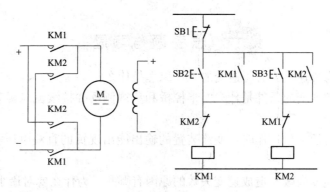

图 2-10　他励直流电动机正反转控制电路

1）对晶闸管触发电路进行调试。断开连接电机的主电路，接通 60V 直流电源，用示波器观测 V1 的发射极电压的波形。调整 R_{P4} 的大小，观测该点电压相位的变化。通过示波器的双踪观测，读取控制角 α 的大小。

2）断开电动机，测试电气控制电路中 KM1 和 KM2 的通断情况是否正确。

3）图 2-11 所示为他励直流电动机正反转主电路示意图。接通电动机主电路，使控制角 $\alpha<90°$。闭合 KM1，电动机正转，通过调整晶闸管 VT 导通角的大小，观测电机转速的变化。观测主电路中电流的数值大小。

4）当电动机从正转到反转时，为了实现快速制动与反转、缩短过渡过程时间以及限制过大的反接制动电流，可将桥路触发脉冲移到 $\alpha>90°$，即工作在逆变状态。在初始阶段 KM1 尚未断开，在电抗器中的感应电动势作用下，电路进入有源逆变状态，将电抗器中的能量逆变为交流能量反送电网。观测主电路中电流的数值大小。

5）当主回路电流下降到接近于零时，断开 KM1，闭合 KM2。此时由于电动机电动势的作用，仍能满足实现有源逆变的条件，将电枢旋转的机械能逆变为电能反送电网，同时产生制动转矩。观测转速的变化。

6）随着转速的下降，电动势也减小，减小逆变角 β 值，使电动机转速迅速下降到零。

7）调整控制角 $\alpha<90°$，电动机反转起动。逐渐减小控制角 α，反转加速，观测主电路中电流的数值大小。

（3）注意事项。根据可控整流和有源逆变实现的条件，适时调整控制角 α 的大小。

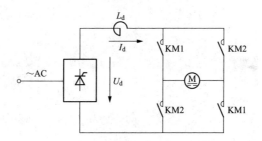

图 2-11　他励直流电动机正反转主电路示意图

思考题与习题

2.1 什么是有源逆变？有源逆变的工作原理是什么？

2.2 实现有源逆变的条件是什么？半控桥和负载侧反并接续流二极管的电路能实现有源逆变吗？为什么？

2.3 为什么有源逆变工作时，变流装置的输出能出现负的直流电压？哪些电路可实现有源逆变？

2.4 什么是逆变失败？造成逆变失败的原因有哪些？为什么要对最小逆变角加以限制？

2.5 试画出三相半波共阴极接法 $\beta=30°$ 时的 u_d 及晶闸管 VT1 两端的电压波形。

2.6 试画出三相半波共阴极接法 $\beta=30°$ 时，VT2 管的触发脉冲丢失一个时，输出电压 u_d 的波形。

模块 3 直流电压变换电路与手机充电器

　　直流电压变换（DC/DC）电路的功能是将直流电压变成另一固定或大小可调的直流电压，也称为直流斩波电路。需要说明的是，这里的变换一般是指直接将一直流电变为另一固定或可调电压的直流电，不包括直流-交流-直流的情况。其基本工作原理是利用电力电子器件来实现通断，将输入的恒定直流电压变换成脉冲加到负载上，通过通、断时间的变化来改变输出电压的大小。其主要应用有两个方面：一是直流传动的传统领域，在这个领域内，将直流电压变换电路称为斩波技术电路；二是开关电源的新领域，在这个领域内，称为直流变换电路。直流电压变换电路以体积小、质量轻、效率高等优点，在工业，特别是通信业（如通信电源、笔记本电脑、移动电话、远程控制器等）等领域得到了广泛的应用。

　　直流电压变换电路的结构框图，如图 3-1 所示。

图 3-1　直流电压变换电路的结构框图

本模块结合手机充电器这一开关电源，说明直流电压变换电路的工作过程。

专题 3.1　电力电子器件（二）

　　随着电力电子技术的发展，新型器件不断涌现，人们先后研制出了可关断晶闸管（GTO）、电力晶体管（GTR）、电力场效应晶体管（MOSFET）、绝缘栅双极晶体管（IGBT）以及智能功率模块等多种新型电力电子器件。这些器件通过对控制极（门极、栅极）的控制，既能使其导通，又能使其关断，因此，称为全控型器件，也称为自关断器件。与普通晶闸管相比，这类器件应用在多种场合，且控制灵活、电路简单、能耗小，使得电力电子技术的应用领域大为拓宽。

3.1.1　门极可关断晶闸管

　　门极可关断晶闸管（GTO）是晶闸管的一种派生器件，可以通过在门极施加负的脉冲电流使其关断，因而属于全控型器件。GTO 的许多性能虽然与绝缘栅双极晶体管、电力场效应晶体管相比要差，但其电压、电流容量较大，与普通晶闸管接近，因而在兆瓦级以上的大功率场合仍有较多的应用，如电力机车的逆变器、大功率直流斩波调速装置等。

　　1. GTO 的结构

　　与普通晶闸管类似，GTO 也是 PNPN 四层半导体结构，外部也是引出阳极、阴极和门极。但和普通晶闸管不同的是，GTO 是一种多元的功率集成器件，虽然外部同样引出三个极，但内部则包含数十个甚至数百个共阳极的小 GTO 单元，这些 GTO 单元的阴极和门极则在器件内部并联在一起，这种特殊结构是为了便于实现门极控制关断而设计的。图 3-2 (a)、(b) 分别给出了典型的 GTO 各并联单元结构的断面示意图和电气图形符号。

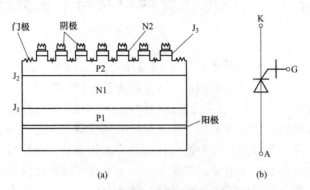

图 3-2　GTO 的结构和电气图形符号

(a) 结构；(b) 电气图形符号

2. GTO 的工作原理

（1）开通过程。GTO 也可等效成两个晶体管 P1N1P2 和 N1P2N2 互连，GTO 的开通原理与普通晶闸管相同，有同样的正反馈过程。GTO 与普通晶闸管最大区别就是导通后回路增益 $\alpha_1+\alpha_2$ 数值不同，其中，α_1 和 α_1 分别为 P1N1P2 和 N1P2N2 的共基极电流放大倍数。晶闸管的回路增益 $\alpha_1+\alpha_2$ 常为 1.15 左右，而 GTO 的 $\alpha_1+\alpha_2$ 非常接近 1。因而 GTO 处于临界饱和状态。这为门极负脉冲关断阳极电流提供了有利的条件。

（2）关断过程。当 GTO 已处于导通状态时，对门极加负的关断脉冲，形成 $-I_G$，相当于将 I_{C1} 的电流抽出，使晶体管 N1P2N2 的基极电流减小，使 I_{C2} 和 I_K 随之减小，I_{C2} 减小又使 I_A 和 I_{C1} 减小，这是一个正反馈过程。当 I_{C2} 和 I_{C1} 的减小使 $\alpha_1+\alpha_2<1$ 时，等效晶体管 P1N1P2 和 N1P2N2 退出饱和，GTO 不满足维持导通条件，阳极电流下降到零而截止。

由于 GTO 处于临界饱和状态，用抽走阳极电流的方法破坏临界饱和状态，能使器件关断。而晶闸管导通之后，处于深度饱和状态，用抽走阳极电流的方法不能使其关断。

GTO 的多元集成结构除了对关断有利外，也使得其比普通晶闸管开通过程更快，承受 di/dt 的能力增强。

3. GTO 的参数

GTO 有许多参数与晶闸管相同，这里只介绍一些与晶闸管不同的参数。

（1）最大可关断阳极电流 I_{ATO}。I_{ATO} 是指门极电流可以重复关断的阳极峰值电流。电流过大时 $\alpha_1+\alpha_2$ 稍大于 1 的条件可能被破坏，使器件饱和程度加深，导致门极关断失败。

（2）关断增益 β_{off}。GTO 的关断增益 β_{off} 为最大可关断阳极电流 I_{ATO} 与门极负电流最大值 I_{GM} 之比，即

$$\beta_{off}=\frac{I_{ATO}}{I_{GM}} \tag{3-1}$$

β_{off} 一般很小，通常只有 5 左右，这是 GTO 的一个主要缺点。例如，一个 1000A 的 GTO，需要控制关断时，门极负脉冲电流的峰值将达 200A，这是一个相当大的数值。

（3）维持电流 I_H。GTO 的维持电流是指阳极电流减小到开始出现 GTO 单元不能再维

持导通的电流值。当阳极电流略小于维持电流时，仍有部分 GTO 单元维持导通，这时若阳极电流回复到较高数值，已截止的 GTO 单元不能再导电，就会引起维持导通状态的 GTO 单元的电流密度增大，出现不正常的状态。

（4）擎住电流 I_L。擎住电流是指 GTO 单元经门极触发后，阳极电流上升到保持所有 GTO 单元导通的最低值。

（5）阳极尖峰电压 U_P。在 GTO 关断过程中，在下降时间的尾部出现了一个阳极尖峰电压，尖峰电压超过一定值会引起 GTO 失效。

另外，不少 GTO 都设计成逆导型，类似于逆导晶闸管。当需要承受反向电压时，应和电力二极管串联使用。

3.1.2 电力晶体管

电力晶体管（GTR）按英文直译为巨型晶体管，是一种耐高电压、大电流的双极型晶体管。在电力电子技术的范围内，GTR 与 BJT 这两个名称是等效的。自 20 世纪 80 年代以来，在中、小功率范围内取代晶闸管的，主要是 GTR。但是目前，其地位已大多被绝缘栅双极晶体管和电力场效应晶体管所取代。

1. 电力晶体管的结构

GTR 的结构与小功率晶体管非常相似，由 3 层半导体、2 个 PN 结组成。和小功率晶体管一样，GTR 也有 PNP 和 NPN 两种类型，多为 NPN 结构，至少由两个晶体管按达林顿接法组成的单元结构，同 GTO 一样，采用集成电路工艺将许多这种单元并联而成。图 3-3（a）、（b）所示分别为 NPN 型 GTR 的内部结构断面示意图和电气图形符号。

2. 电力晶体管的工作原理

GTR 与普通的双极型晶体管基本原理是一样的，

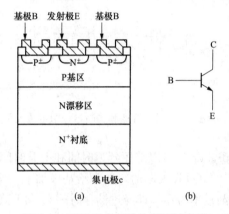

图 3-3 GTR 的内部结构断面示意图
和电气图形符号

（a）结构断面示意图；（b）电气图形符号

这里不再详述。但是对 GTR 来说，最主要的特性是耐压高、电流大、开关特性好，而不像小功率的用于信息处理的双极型晶体管那样注重单管电流放大系数、线性度、频率响应以及噪声和温漂等性能参数。

在电力电子技术中，GTR 主要工作在开关状态。GTR 工作在正偏（$I_B>0$）时大电流导通；反偏（$I_B<0$）时处于截止状态。因此，给 GTR 的基极施加幅度足够大的脉冲驱动信号，它将工作于导通和截止的开关状态。

3. 电力晶体管的特性

（1）静态特性。GTR 采用共发射极接法时，其输出特性如图 3-4 所示，可分为截止区、放大区和饱和区三个工作区。

1）截止区。在截止区内，$i_B \leqslant 0$，$u_{BE} \leqslant 0$，u_{BC}

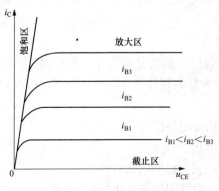

图 3-4 GTR 的输出特性

＜0，集电极只有漏电流流过。

2）放大区。在放大区内，$i_B > 0$，$u_{BE} > 0$，$u_{BC} < 0$，$i_C = \beta i_B$。

3）饱和区。在饱和区内，$i_B > i_{CS}/\beta$，$u_{BE} > 0$，$u_{BC} > 0$，i_{CS} 是集电极饱和电流，其值由外电路决定。

两个 PN 结都为正向偏置是饱和区的特征。此时，集电极、发射极间的管压降 u_{CE} 很小，相当于开关接通，这时尽管电流很大，但损耗并不大。GTR 刚进入饱和区时为临界饱和，如果 i_B 继续增加，则为过饱和，用作开关时，应工作在过饱和状态，有利于降低 u_{CE} 和减小导通时的损耗。

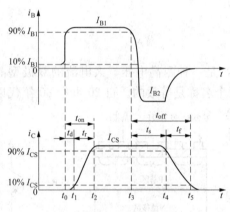

图 3-5　GTR 开通和关断过程中电流波形

（2）动态特性。用动态特性描述 GTR 开关过程的瞬态性能，又称为开关特性。GTR 是用基极电流来控制集电极电流的，图 3-5 所示 GTR 开通和关断过程中基极电流和集电极电流波形的关系。

与 GTO 类似，GTR 开通时需要经过延迟时间 t_d 和上升时间 t_r。GTR 的开通过程从 t_0 时刻注入基极驱动电流，把 i_C 达到 10% I_{CS} 的时刻定为 t_1，达到 90% I_{CS} 的时刻定为 t_2，则把 t_0 和 t_1 这段时间称为延迟时间 t_d，把 t_1 和 t_2 这段时间称为上升时间 t_r，二者之和为开通时间 t_{on}。延迟时间 t_d 主要是由发射结势垒电容和集电结势垒电容充电产生的。增大基极驱动电流的幅度并增大 di_B/dt，可以缩短延迟时间和上升时间，从而加快开通过程。

GTR 关断时，通常给基极加上一个负的电流脉冲。集电极电流需要经过一段时间才逐渐减小为零。即经过储存时间 t_s 和下降时间 t_f（把 i_B 降为稳态值 I_{B1} 的 90% 时刻定为 t_3，i_C 下降 90% I_{CS} 的时刻定为 t_4，i_C 下降 10% I_{CS} 的时刻定为 t_5，则把 t_3 到 t_4 这段时间称为储存时间 t_s，把 t_4 到 t_5 这段时间称为下降时间 t_f），二者之和为关断时间 t_{off}。储存时间 t_s 用来除去饱和导通时储存在基区的载流子，是关断时间的主要组成部分。减小导通时的饱和深度以减少储存的载流子，或者增大基极抽取负电流 I_{B2} 的幅值和负偏压，可缩短储存时间，从而加快关断速度。当然，减小导通时的饱和深度的负面作用是会使集电极和发射极间的饱和导通压降 U_{CES} 增加，从而增大通态损耗，这是一对矛盾。GTR 的开关时间在几微秒以内，比普通晶闸管和 GTO 都短很多。

4. 电力晶体管的主要参数

（1）最高工作电压。GTR 上所加的电压超过规定值时，就会发生击穿，使 GTR 发生击穿的最低电压即为击穿电压。击穿电压不仅和晶体管本身的特性有关，还与外电路的接法有关。

1）BU_{CBO}，发射极开路时集电极和基极间的反向击穿电压。

2）BU_{CEO}，基极开路时集电极和发射极间的击穿电压。

3）BU_{CER}，发射极与基极间用电阻连接时集电极和发射极间的击穿电压。

4）BU_{CES}，发射极与基极间短路连接时集电极和发射极间的击穿电压。

5）BU_{CEX}，发射结反向偏置时集电极和发射极间的击穿电压。

其中，$BU_{CBO} > BU_{CEX} > BU_{CES} > BU_{CER} > BU_{CEO}$。实际使用时，为了确保安全，GTR 的最高工作电压要比 U_{CEO} 低得多。

（2）集电极最大允许电流 I_{CM}。流过 GTR 的电流过大，会使 GTR 参数劣化，性能不稳定，通常将电流放大系数 β 下降到规定值的 1/3～1/2 时，所对应的 I_C 值定义为集电极最大允许电流。实际使用时要留有较大裕量，只能用到 I_{CM} 的 1/2 或稍多一点，否则 GTR 的性能将变坏。

（3）集电极最大耗散功率 P_{CM}。P_{CM} 是指 GTR 在最高允许结温时所对应的耗散功率，它等于集电结工作电压与集电极工作电流的乘积。产品说明书中在给出 P_{CM} 时总是同时给出壳温，间接表示了最高结温的参数。由于这部分能量将转化为热量使 GTR 发热，因此 GTR 在使用时应采用必要的散热技术。如果散热条件不好，会促使 GTR 的平均寿命下降。实践表明：工作结温每增加 20℃，GTR 的平均寿命差不多下降一个数量级，有时会因温度过高而使 GTR 迅速损坏。

5. GTR 的二次击穿和安全工作区

（1）二次击穿。GTR 工作时，当其集电极反偏电压 u_{CE} 逐渐增大到最大电压时，集电极电流 i_C 急剧增大，但此时集电结的电压基本保持不变，这是一次击穿，只要 i_C 不超过限度，GTR 一般不会损坏，工作特性也不会发生变化。发生一次击穿时，如果有外接电阻限制电流 i_C 的增大，一般不会引起 GTR 的特性变坏。如果不采取措施，一次击穿发生时 i_C 增大到某个临界点时会突然急剧上升，并伴随电压的陡然下降，直到管子被烧坏，这个现象称为二次击穿。二次击穿常常会立即导致器件的永久损坏，或者工作特性明显衰变，对 GTR 危害极大。

二次击穿是 GTR 突然损坏的主要原因之一，是它在使用中最大的弱点。但要发生二次击穿，必须同时具备三个条件：高电压、大电流和持续时间。因此，集电极电压、电流、负载性质、驱动脉冲宽度与驱动电路配置等因素都会对二次击穿造成一定的影响。一般来说，工作在正常开关状态的 GTR 是不会发生二次击穿现象的。

（2）安全工作区。以直流极限参数 I_{CM}、P_{CM}、U_{CEM} 构成的工作区为一次击穿工作区，以 U_{SB}（二次击穿电压）与 I_{SB}（二次击穿电流）组成的 P_{SB}（二次击穿功率）是一个不等功率曲线，P_{SB} 反映了二次击穿功率。为了防止二次击穿，要选用足够大功率的 GTR，但不能超过 P_{SB}。实际使用时，GTR 的最高电压通常比极限电压低很多。图 3-6 所示为 GTR 安全工作区，图中阴影部分 SOA 即为 GTR 的安全工作区。

6. GTR 的应用

（1）直流传动。GTR 在直流传动系统中的功能是直流电压变换，即斩波调压，有时又称为直流变换或开关型 DC/DC 变换。

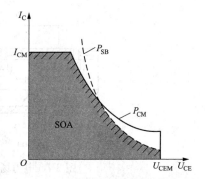

图 3-6　GTR 的安全工作区

（2）电源装置。目前大量使用的开关式稳压电源装置中，用 GTR 作为开关器件。与以往的晶体管串联稳压或可控整流稳压相比，其优点是效率高，频率范围一般在音频之外，无噪声，反应快，滤波器件相应的电容、电感数值较小。

（3）逆变系统。与晶闸管逆变器相比，GTR 关断控制方便、可靠，效率提高 10%，有利于节能。

3.1.3　电力场效应晶体管

电力场效应晶体管又称为功率场效应晶体管，分为结型和绝缘栅型两种类型，但通常主要指绝缘栅型中的 MOS（Metal Oxide Semiconductor）型，简称电力 MOSFET 或 Power MOSFET，而把结型功率场效应晶体管一般称作静电感应晶体管。电力 MOSFET 是用栅极电压来控制漏极电流，属电压控制驱动型器件。其特点是驱动电路简单，需要的驱动功率小，开关速度快，工作频率高，热稳定性优于 GTR，但其电流容量小，耐压低，一般只适用于功率不超过 10kW 的电力电子装置。

1. 电力场效应晶体管的结构

电力 MOSFET 的工作原理与小功率 MOS 管相似，都是只有一种极性的载流子参与导电，是单极型晶体管，按导电沟道也分为 P 沟道和 N 沟道，每一类也分为增强型和耗尽型（电力 MOSFET 主要是 N 沟道增强型）。但两者结构上有较大的区别，小功率 MOS 管是一次扩散形成的器件，其导电沟道平行于芯片表面，是横向导电器件；而电力 MOSFET 大都采用垂直导电结构，这样可大大提高电力 MOSFET 的耐压和耐流能力。按垂直导电结构的差异，电力 MOSFET 又分为利用 V 形槽实现垂直导电的 VVMOSFET 和具有垂直导电双扩散 MOS 结构的 VDMOSFET。

目前使用最多的是 N 沟道增强型 VDMOSFET，下面的讨论以此为例。

电力 MOSFET 为多元集成结构，即一个器件由多个电力 MOSFET 元组成，分别引出三个极：漏极 D、栅极 G 和源极 S，每个元的形状和排列方法，不同的生产厂家采用了不同的设计，取了不同的名称，但不管其名称怎样变化，垂直导电的基本思想没有变。图 3-7（a）所示为 N 沟道增强型电力 MOSFET 中一个单元的截面图。电力 MOSFET 电气图形符号如图 3-7（b）所示。

电力 MOSFET 无反向阻断能力，当在其两端加反向电压时导通，在使用中要引起注意。

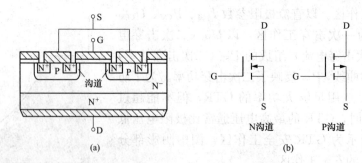

图 3-7　电力场效应晶体管的单元截面图和电气图形符号

(a) 单元截面图；(b) 电气图形符号

2. 电力场效应晶体管的工作原理

当漏极接电源正端，源极接电源负端，栅极和源极间电压为零时，P 基区与 N 漂移区之间形成的 PN 结 J1 反偏，漏源极之间无电流流过。如果在栅极和源极之间加一正电压 u_{GS}，由于栅极是绝缘的，所以并不会有栅极电流流过。但栅极的正电压却会将其下面 P 区中的空穴推开，而将 P 区中的少子电子吸引到栅极下面的 P 区表面。当 u_{GS} 大于某一电压值

U_T 时，栅极下 P 区表面的电子浓度将超过空穴浓度，从而使 P 型半导体反型而成 N 型半导体，形成反型层，该反型层形成 N 沟道而使 PN 结 J1 消失，漏极和源极导电。电压 U_T 称为开启电压（或阈值电压），u_{GS} 超过 U_T 越多，导电能力越强，漏极电流 i_D 越大。

3. 电力场效应晶体管的特性

（1）转移特性。转移特性是指在输出特性的饱和区内，u_{DS} 维持不变时，u_{GS} 与 i_D 之间的关系曲线，如图 3-8（a）所示。图中，U_T 是电力 MOSFET 的开启电压（又称阀值电压）。转移特性表征器件输入电压 u_{GS} 对输出电流 i_D 的控制作用和放大能力。

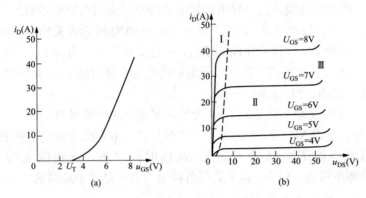

图 3-8　电力场效应晶体管的特性曲线
（a）转移特性；（b）输出特性

（2）输出特性。当栅源电压 u_{GS} 一定时，漏极电流 i_D 与漏源电压 u_{DS} 间的关系曲线称为电力 MOSFET 的输出特性，如图 3-8（b）所示。输出特性分为三个区域：可调电阻区 Ⅰ、饱和区 Ⅱ 和雪崩区 Ⅲ。

可调电阻区 Ⅰ 中，当栅源电压 u_{GS} 一定时，器件内的沟道已经形成，若漏源电压 u_{DS} 很小时，对沟道的影响可忽略，此时沟道的宽度和电子的迁移率几乎不变，所以漏极电流 i_D 与漏源电压 u_{DS} 呈线性关系。

饱和区 Ⅱ 中，u_{GS} 对 i_D 的控制力增强，i_D 随 u_{GS} 的增大而增大，i_D 与 u_{GS} 基本呈线性关系；而 u_{DS} 对 i_D 影响甚微，当 u_{GS} 不变时，漏极电流 i_D 近似为常数。

雪崩区 Ⅲ 中，当 u_{DS} 增大至使漏极 PN 结反偏电压过高，发生雪崩击穿，i_D 突然增加，造成器件的损坏，使用时应避免出现这种情况。

当电力 MOSFET 作为开关器件使用时，应工作在可调电阻区 Ⅰ；当电力 MOSFET 用于线性放大时，应工作在饱和区 Ⅱ；电力 MOSFET 在正常使用时，应避免工作在雪崩区 Ⅲ。

（3）开关特性。如图 3-9 所示为电力 MOSFET 的开关过程，u_P 作用于电力 MOSFET 的 G 和 S 之间。因为电力 MOSFET 存在输入电

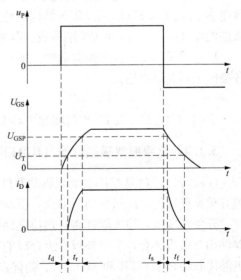

图 3-9　电力 MOSFET 的开关过程

容 C_{in}，当 u_P 的上升沿到来时，输入电容 C_{in} 有充电过程，栅极电压 u_{GS} 呈指数曲线上升，当 u_{GS} 上升到开启电压 U_T 时，开始出现漏极电流 i_D，从脉冲电压的前沿到 i_D 出现，这段时间称为开通延迟时间 t_d。随着 u_{GS} 增加，i_D 上升，电力 MOSFET 内沟道夹断长度逐渐缩短。当电力 MOSFET 脱离预夹断状态后，i_D 不再随沟道宽度增加而增大，到达其稳态值。漏极电流 i_D 从有到达到稳态值所用时间称为上升时间 t_r。开通时间 t_{on} 为延迟时间 t_d 与上升时间 t_r 之和，即 $t_{on}=t_d+t_r$。

当脉冲电压下降到零时，栅极输入电容 C_{in} 通过信号源内阻 R_s 和栅极电阻 R_G 开始放电，栅极电压 u_{GS} 按指数曲线下降，导电沟道随之变窄，直到沟道缩小到预夹断状态（此时栅极电压下降到 u_{GSP}），漏极电流 i_D 才开始减小，这段时间称为关断延迟时间 t_s。此后，C_{in} 继续放电，u_{GS} 继续下降，沟道夹断区增长，i_D 也继续下降，直到 $u_{GS} < U_T$，沟道关断，i_D 下降到零。漏极电流从稳态值下降到零所需时间称为下降时间 t_f。关断时间 t_{off} 为延迟时间 t_s 与下降时间 t_f 之和，即 $t_{off}=t_s+t_f$。

$i_D=0$ 后，C_{in} 继续放电，直至 $u_{GS}=0$ 为止，完成一次开关周期。

由上分析可知：电力 MOSFET 的开关速度和其输入电容的充放电时间有很大关系，可以通过改变信号源内阻 R_s，改变 C_{in} 充、放电时间常数，从而改变开关速度。电力 MOSFET 的工作频率可达 100kHz 以上，是各种电力电子器件中最高的。

4. 电力场效应晶体管的主要参数

（1）漏源击穿电压 BU_{DS}，该电压决定了电力 MOSFET 的最高工作电压。

（2）栅源击穿电压 BU_{GS}，该电压表征了电力 MOSFET 栅源之间能承受的最高电压。

（3）漏极连续电流 I_{DC} 和漏极脉冲电流峰值 I_{DM}，两者表征电力 MOSFET 的电流容量。

（4）开启电压 U_T，又称阈值电压，它是指电力 MOSFET 流过一定量的漏极电流时的最小栅源电压。一般为 2～4V。

（5）通态电阻 R_{on}，是指在确定的栅源电压 U_{GS} 下，电力 MOSFET 由可调电阻区进入饱和区时漏极与源极间的直流电阻，是影响最大输出功率的重要参数。

（6）极间电容，是影响其开关速度的主要因素。包括栅源电容 C_{GS}、栅漏电容 C_{GD} 和漏源电容 C_{DS}。C_{GS} 和 C_{GD} 由 MOS 结构的绝缘层形成，其电容量的大小由栅极的几何形状和绝缘层的厚度决定，C_{GD} 由 PN 结构成，其数值大小由沟道面积和有关结的反偏程度决定。

厂家提供的是漏源短路时的输入电容 C_{in}、共源极输出电容 C_{out} 及反馈电容 C_f，它们与各极间电容关系表达式为

$$C_{in}=C_{GS}+C_{GD} \; ; \; C_{out}=C_{GD}+C_{DS} \; ; \; C_f=C_{GD}$$

显然，C_{in}、C_{out} 及 C_f 均与漏源电容 C_{GD} 有关。

3.1.4 绝缘栅双极晶体管（IGBT）

GTR 和 GTO 是双极型电流驱动器件，由于具有电导调制效应，所以其通流能力很强，但开关速度较低，所需驱动功率大，驱动电路复杂。而电力 MOSFET 是单极型电压驱动器件，开关速度快，输入阻抗高，热稳定性好，所需驱动功率小而且驱动电路简单。将这两类器件相互适当结合，取长补短，组合成的复合器件，即为绝缘栅双极晶体管器件。绝缘栅双极晶体管综合了 GTR 和 MOSFET 的优点，因而具有良好的特性。因此，自其 1986 年开始投入市场，就迅速扩展了其应用领域，目前已取代了原来 GTR 和一部分电力 MOSFET 的

市场，成为中小功率电力电子设备的主导器件，并在继续努力提高电压和电流容量，以期再取代 GTO 的地位。

1. 绝缘栅双极晶体管的结构和工作原理

IGBT 也是三端器件，具有栅极 G、集电极 C 和发射极 E。图 3-10 （a）所示为一种由 N 沟道 VDMOSFET 与双极型晶体管组合而成的 IGBT 的基本结构。其简化等效电路如图 3-10 （b）所示，可以看出这是用双极型晶体管与电力 MOSFET 组成的达林顿结构，相当于一个由电力 MOSFET 驱动的厚基区 PNP 晶体管。IGBT 的驱动原理与电力 MOSFET 基本相同，它是一种场控器件。其开通和关断是由栅极和发射极间的电压 U_{GE} 决定的，当 U_{GE} 为正且大于开启电压 $U_{GE(th)}$ 时，电力 MOSFET 内形成沟道，并为晶体管提供基极电流进而使 IGBT 导通。当栅极与发射极间施加反向电压或不加信号时，电力 MOSFET 内的沟道消失，晶体管的基极电流被切断，使得 IGBT 关断。

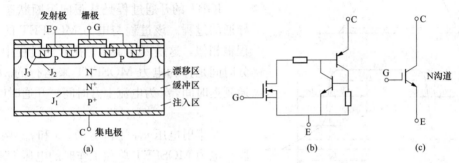

图 3-10　IGBT 的结构、简化等效电路和电气图形符号

（a）内部结构断面示意图；（b）简化等效电路；（c）电气图形符号

以上所述 PNP 晶体管与 N 沟道电力 MOSFET 组合而成的 IGBT 称为 N 沟道 IGBT，记为 N-IGBT，其电气图形符号如图 3-10 （c）所示。相应的还有 P 沟道 IGBT，记为 P-IG-BT，将图 3-10 （c）中的箭头反向即为 P-IGBT 的电气图形符号。实际应用中，N 沟道 IGBT 较多，因此下面仍以其为例进行介绍。

2. 绝缘栅双极晶体管的特性

（1）转移特性。图 3-11 （a）所示为 IGBT 的转移特性，它描述的是集电极电流 i_C 与栅

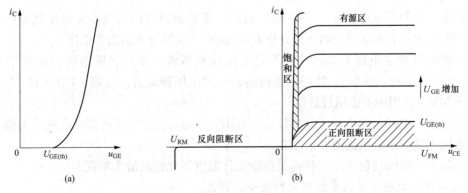

图 3-11　IGBT 的特性曲线

（a）转移特性；（b）输出特性

射电压 u_{GE} 之间的关系，IGBT 与电力 MOSFET 的转移特性类似。开启电压 $U_{GE(th)}$ 是 IGBT 能实现电导调制而导通的最低栅射电压。$U_{GE(th)}$ 随温度升高而略有下降，温度每升高 1℃，其值下降 5mV 左右。在 +25℃ 时，$U_{GE(th)}$ 的值一般为 2～6V。

（2）输出特性，也称伏安特性，图 3-11（b）所示为 IGBT 的输出特性曲线，它反映了输出电压 u_{CE} 和输出电流 i_C 的关系。

IGBT 工作在开关状态时和 GTR 一样，在阻断状态和饱和导通状态之间转换，不允许在放大状态停留。IGBT 的工作特点是用栅极电压 u_{GE} 控制集电极电流 i_C。当 $u_{GE} \leqslant U_{GE(th)}$（开启电压）时，IGBT 截止，无 i_C；当 $u_{GE} > U_{GE(th)}$ 时，u_{CE} 加正压，IGBT 导通，其输出电流 i_C 与驱动电压 u_{GE} 基本呈线性关系。

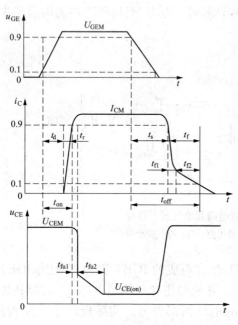

图 3-12　IGBT 的动态特征

（3）动态特性。IGBT 的动态特性包括开通和关断过程两方面，如图 3-12 所示。

IGBT 的开通过程是从正向阻断状态到正向导通的过程。该过程与电力 MOSFET 的开通过程很相似，这是因为 IGBT 在开通过程中，大部分时间是作为电力 MOSFET 来运行的。t_d 为开通延迟时间，t_r 为电流上升时间，开通时间为

$$t_{on} = t_d + t_r \qquad (3-2)$$

而集射电压 u_{CE} 下降分为 t_{fu1} 和 t_{fu2} 两段。t_{fu1} 段为电力 MOSFET 单独工作时的电压下降时间；t_{fu2} 为电力 MOSFET 和 PNP 管两个器件同时工作，PNP 管从放大进入饱和时的电压下降时间。

IGBT 的关断过程是从正向导通状态转换到正向阻断状态的过程，关断时间为

$$t_{off} = t_s + t_f \qquad (3-3)$$

式中：t_s 为截止储存时间；t_f 为电流下降时间，又可分为 t_{f1} 和 t_{f2} 两段；t_{f1} 对应电力 MOSFET 的关断过程；t_{f2} 对应于 PNP 晶体管的截止过程。

3. 绝缘栅双极晶体管的主要参数

（1）集射极额定电压 U_{CEN}。这个电压值是厂家根据器件的雪崩击穿电压规定的，是栅射极间短路时 IGBT 能承受的耐压值，即 U_{CEN} 值小于或等于雪崩击穿电压。

（2）栅射极额定电压 U_{GEN}。IGBT 是电压控制器件，靠加到栅射极的电压信号控制 IGBT 的导通和关断，而 U_{GEN} 就是栅极控制信号的电压额定值。目前，IGBT 的 U_{GEN} 值大部分为 +20V，使用中不能超过该值。

（3）最大集电极电流 I_{CM}。该参数给出 IGBT 导通时流过管子的持续电流最大值。通常最大集电极电流为额定电流的 2 倍左右。

（4）最大集电极功耗 P_{CM}。P_{CM} 是正常工作温度下允许的最大功耗。

4. 绝缘栅双极晶体管的擎住效应和安全工作区

（1）IGBT 的擎住效应。从图 3-10（a）所示 IGBT 的结构可以发现，在 IGBT 内部寄生着一个 NPN 晶体管和作为主开关器件的 PNP 晶体管组成的寄生晶体管。其中，NPN 晶体

管基极与发射极之间存在体区短路电阻，P 型体区的横向空穴电流会在该电阻上产生压降，相当于对 J_3 结施加正偏压。在额定集电极电流范围内，这个偏压很小，不足以使 J_3 开通。然而一旦 J_3 开通，栅极就会失去对集电极电流的控制作用，导致集电极电流增大，造成器件损坏。这种电流失控的现象，就像普通晶闸管被触发以后，即使撤销触发信号晶闸管仍然因进入正反馈过程而维持导通的机理一样，因此被称为擎住效应或自锁效应。

引发擎住效应的原因，可能是集电极电流过大（静态擎住效应），也可能是最大允许电压上升率 du_{CE}/dt 过大（动态擎住效应），温度升高也会加重发生擎住效应的危险。动态擎住效应比静态擎住效应所允许的集电极电流小，因此所允许的最大集电极电流 I_{CM} 实际上是根据动态擎住效应确定的。

为防止 IGBT 发生擎住效应，可采取限制 i_C 值，或者用加大栅极电阻的办法延长 IGBT 关断时间，以减少 du_{CE}/dt 值。

擎住效应曾限制了 IGBT 电流容量的提高，20 世纪 90 年代中后期开始逐渐得到解决，促进了 IGBT 研究和制造水平的迅速提高。IGBT 往往与反并联的快速二极管封装在一起制成模块，成为逆导器件。

图 3-13 所示为常用的 IGBT 的几种不同模块的电路。

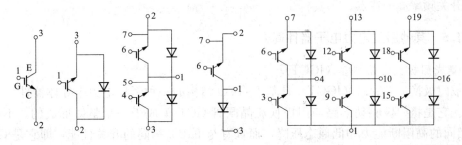

图 3-13　常用的 IGBT 的几种不同模块电路

（2）IGBT 的安全工作区。IGBT 的安全工作区（SOA）反映了晶体管同时承受一定电压和电流的能力。IGBT 在导通工作状态的参数极限范围即正向偏置安全工作区（FBSOA），由最大集电极电流 I_{CM}、最大集射极电压 U_{CEM} 和最大功耗 P_{CM} 三条极限边界线包围而成。最大集电极电流 I_{CM} 是根据动态擎住效应而设定的，最大集射极电压 U_{CEM} 是由 IGBT 中晶体管的击穿电压所决定的。最大功耗 P_{CM} 则是由最高允许结温所决定的。导通时间越长，发热越严重，安全工作区则越窄，因而直流工作时的安全工作区最小，如图 3-14（a）所示。IGBT 在阻断工作状态下的参数极限范围即反向偏置安全工作区（RBSOA），由最大集电极电流 I_{CM}、最大集射极电压 U_{CEM} 和最大允许电压上升率 du_{CE}/dt 三条极限边界线所包围。它随 IGBT 关断时的 du_{CE}/dt 而改变，du_{CE}/dt 越高，RBSOA 范围越窄。反向偏置工作区如图 3-14（b）所示。

5. IGBT 的特性和参数特点

（1）IGBT 开关速度高，开关损耗小。有关资料表明：在电压 1000V 以上时，IGBT 的开关损耗只有 GTR 的 1/10，与电力 MOSFET 相当。

（2）在相同电压和电流定额的情况下，IGBT 的安全工作区比 GTR 大，而且具有耐脉冲电流冲击的能力。

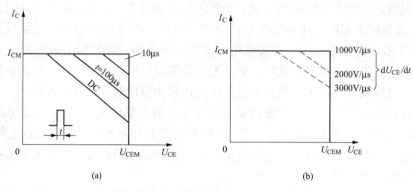

图 3-14　IGBT 的安全工作区

（a）正向偏置安全工作区；（b）反向偏置安全工作区

（3）IGBT 的通态压降比 VDMOSFET 低，特别是在电流较大的区域。

（4）IGBT 的输入阻抗高，其输入特性与电力 MOSFET 类似。

（5）与电力 MOSFET 和 GTR 相比，IGBT 的耐压和通流能力还可以进一步提高，同时可保持开关频率高的特点。

3.1.5　其他新型电力电子器件简介

1. 集成门极换流晶闸管（IGCT）

集成门极换流晶闸管（IGCT）是基于 GTO 结构的一种新型电力半导体器件。于 1996 年问世。它是将门极驱动电路与门极换流晶闸管 GCT 集成于一个整体形成的。不仅有与 GTO 相同的高阻断能力和低通态压降，而且有与 IGBT 相同的开关性能，即它是 GTO 和 IGBT 相互取长补短的结果，是一种较理想的兆瓦级、中压开关器件，非常适合用于 6kV 和 10kV 的中压开关电路。

与 GTO 相比，IGCT 的关断时间降低了 30%，功耗降低 40%。IGCT 不需要吸收电路，可以像晶闸管一样导通，像 IGBT 那样关断，并且具有最低的功率损耗。IGCT 在使用时只需将它连接到一个 20V 的电源和一根光纤上就可以控制它的开通和关断。由于 IGCT 设计理想，使得 IGCT 的开通损耗可以忽略不计，再加上它的低导通损耗，使得它可以在以往大功率半导体器件所无法满足的高频下运行，是一种高耐压、大电流器件，具有很强的关断能力，开关速度比 GTO 高 10 倍。目前，IGCT 的最高阻断电压为 6kV，工作电流为 4kA，此外，其最突出的优点是可以取消浪涌电路。

IGCT 采用缓冲层透明发射极技术，显著降低了触发电流和电荷存储时间。此外，IGCT 还采用了低电感封装技术，使 PNPN 四层结构的晶闸管暂时变为稳定的 PNP 三层结构，无需 GTO 复杂的缓冲电路。在获得相同阻断电压前提下，IGCT 芯片可以比 GTO 芯片做得更薄，薄得如同二极管，故可与反并联的续流二极管集成在一个芯片上。

2. MOS 控制晶闸管（MCT）

MOS 控制晶闸管（MCT），是一种单极型和双极型组合而成的复合器件。它的输入侧为电力 MOSFET 结构，因而输入阻抗高，驱动功率小，工作频率高；输出侧为晶闸管结构，能够承受高电压，通过大电流。这是一种很有发展前途的器件。目前全世界有多家公司正积极进行 MCT 的研究，并且已生产出 300A/1000V、1000A/1000V 的器件。

3. 静电感应晶体管（SIT）

静电感应晶体管（SIT），它具有工作频率高、输出功率大、失真小、输入阻抗高、开关特性好、热稳定性好、抗辐射能力强等一系列优点。

SIT 器件在结构设计上能方便地实现多胞合成，所以适合作高压大功率器件。SIT 不仅可以工作在开关状态，用作大功率的电流开关，而且可以作为功率放大器，广泛用于高频感应加热设备（例如 200kHz、200kW 的高频感应加热电源）。它还适用于高音质音频放大器、大功率中频广播发射机、电视发射机、差转机、微波以及空间技术等领域。目前 SIT 的制造水平已达到截止频率 30～50MHz、电压 1500V、电流 300A、耗散功率 3kW。

4. 静电感应晶闸管（SITH）

静电感应晶闸管（SITH），是在 SIT 基础上发展起来的新型电力电子器件。SITH 是大功率场控开关器件。与晶闸管和 GTO 相比，它有许多优点，例如 SITH 的通态电阻小，通态电压低，开关速度快，开关损耗小，正向电压阻断增益高，开通和关断的电流增益大，$\mathrm{d}i/\mathrm{d}t$ 及 $\mathrm{d}u/\mathrm{d}t$ 的耐量高。近几年 SITH 发展很快，由于 SITH 的工作频率可达 100kHz 以上，所以在高频感应加热电源中，SITH 可取代传统的真空晶体管。

但 SITH 的制造工艺比较复杂，成本比较高，所以它的发展受到一定影响。随着微电子加工工艺的改进，SITH 的发展将会进入一个崭新的阶段，应用领域将会更加广泛。

5. 功率集成电路（PIC）

功率集成电路（Power IC，PIC）是当今世界上迅速发展起来的一种高科技产品。它是电力电子技术与微电子技术结合的产物，根本特征是使动力与信息结合，成为机和电的接口，是机电一体化的基础元器件。它包括高压功率集成电路（HVIC）、智能功率集成电路（Smart Power IC，SPIC）和功率专用集成电路（SIC）。从电压、电流来看，PIC 应用可以分为三个领域。

（1）低压大电流 PIC，主要用于汽车点火、开关电源和同步发电机等。

（2）高压小电流 PIC，主要用于平板显示、交换机等。

（3）高压大电流 PIC，主要用于交流电动机控制、家用电器等。

6. 智能功率模块（IPM）

智能功率模块（IPM），是功率集成电路的一种。它将高速、低功耗的 IGBT 与栅极驱动器和保护电路一体化，因而具有智能化、多功能、高可靠性、速度快、功耗小等特点。由于高度集成化使模块结构十分紧密，避免了由于分布参数、保护延迟等带来的一系列技术难题。IPM 的智能化表现为可以实现控制、保护、接口三大功能，构成混合式电力集成电路。

专题 3.2　直流电压变换电路

3.2.1　直流电压变换电路的基本工作原理

图 3-15 所示为直流电压变换电路的系统框图。直流电压变换电路的输入直流电源是内阻抗很小的直流电压源，在大多数情况下由电网交流电经二极管整流获得，也可以是一组电

池。因为电网电压的幅值是变化的，所以直流输入电压是波动的。因此，在直流输入端加入容量很大的滤波电容以构成一个内阻抗小、纹波低的直流电压源。

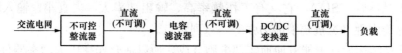

图 3-15 直流电压变换电路的系统框图

直流电压变换电路的负载可以分为两类：一类是以等效电阻来代表的阻性负载；另一类是用电阻及电感串联电路代表的直流电动机负载。

图 3-16（a）所示为直流电压变换电路的原理图，图中，开关 S 可以是晶闸管，也可以是全控型电力电子器件；E 是恒定直流电压源；R 为负载。

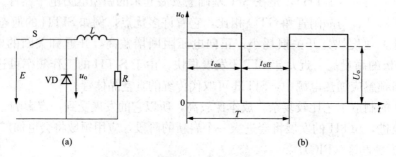

图 3-16 直流电压变换电路的工作原理及输出波形
(a) 原理图；(b) 波形图

由图 3-16 可知，通过开关 S 的接通与断开，将恒定输入的直流电压经过变换后变成可调的负载电压。当开关 S 闭合时，$u_o = E$；断开时，$u_o = 0$。负载两端的电压平均值 U_o 为

$$U_o = \frac{t_{on}}{t_{on} + t_{off}} E = \frac{t_{on}}{T} E = DE \tag{3-4}$$

式中：t_{on} 为开关 S 的导通时间；t_{off} 为开关 S 的关断时间；T 为变换电路通断周期，$T = t_{on} + t_{off}$；D 为变换电路的占空比，$D = \frac{t_{on}}{T}$。

显然，当输入直流电压一定时，负载上输出电压的平均值由电路的占空比来控制。若要改变电路的占空比，可采用以下三种方法。

（1）改变 t_{on} 而保持通断周期 T 不变，称为脉冲宽度调制（PWM）。

（2）保持 t_{on} 不变而改变通断周期 T，称为脉冲频率调制（PFM）。

（3）对脉冲频率与宽度综合调制，即同时改变 t_{on} 和 T，称为混合调制。

在以上三种方法中，除在输出电压调节范围要求较宽时采用混合调制外，一般采用 PWM、PFM，其原因是这两种控制电路比较简单。此外，在输出电压调节范围要求较宽时若采用 PFM，势必要求频率在一个较宽的范围内变化，这就使得后续的滤波电路设计比较困难；如果是直流电动机负载，在输出电压较低的情况下，较长的关断时间会使流过电动机的电流断续，使直流电动机的运行性能变差，因此在直流电压变换电路中，常用的是 PWM。

3.2.2　直流电压变换电路的分类

直流电压变换电路按照上述对输出电压平均值的控制方式可分为脉冲宽度调制（PWM）和脉冲频率调制（PFM）直流变换电路。按变换电路的功能分为基本直流电压变换电路和复合直流电压变换电路，前者又分为降压变换电路（Buck）、升压变换电路（Boost）、升降压变换电路（Buck-Boost）和库克变换电路（Cuk）等；后者是利用不同的基本电路进行组合构成的。按直流电源和负载交换能量的形式又可分为单象限直流电压变换电路和二象限直流电压变换电路。

必须注意的是：在直流开关稳压电源中，直流电压变换电路常常采用变压器电隔离，而在直流电动机调速中不用变压器隔离。

专题 3.3　基本直流电压变换电路

3.3.1　降压变换电路

降压变换电路又称为 Buck 变换器，它是一种对输入电压进行降压变换的直流斩波器，如图 3-17 所示。

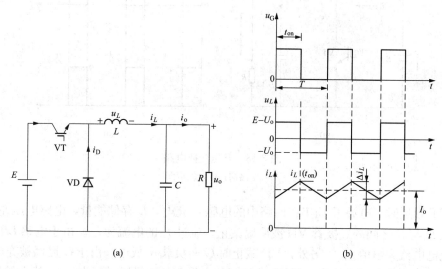

图 3-17　降压变换电路
（a）电路图；（b）波形图

在控制开关 VT 导通 t_{on} 期间，二极管 VD 反偏，则电源 E 通过 L 向负载供电，此间 i_L 增加，电感 L 的储能也增加，这导致在电感端有一个正向电压 $u_L = E - u_o$。这个电压引起电感电流 i_L 的线性增加；如图 3-17（a）所示，当开关管 VT 关断时，电感中储存的电能产生感应电动势，使二极管导通，故电流 i_L 经二极管 VD 续流，$u_L = -u_o$，电感 L 向负载供电，电感 L 的储能逐步消耗在 R 上，电流 i_L 下降，如图 3-17（b）所示。

在稳态情况下，电感电压波形是周期性变化的，电感电压在一个周期内的积分为 0，即

$$\int_0^T u_L \, \mathrm{d}t = \int_0^{t_{\mathrm{on}}} u_L \, \mathrm{d}t + \int_{t_{\mathrm{on}}}^T u_L \, \mathrm{d}t = 0 \tag{3-5}$$

设输出电压的平均值为 U_o，则在稳态时，上式可以表达为

$$(E - U_\mathrm{o})t_{\mathrm{on}} = U_\mathrm{o}(T - t_{\mathrm{on}})$$

即

$$U_\mathrm{o} = \frac{t_{\mathrm{on}}}{T}E = DE \tag{3-6}$$

式中：D 为导通占空比；t_{on} 为 VT 的导通时间；T 为开关周期。

通常 $t_{\mathrm{on}} \leqslant T$，所以该电路是一种降压直流变换电路。当输入电压 E 不变时，输出电压 u_o 随占空比 D 的变化而线性改变，而与电路其他参数无关。

3.3.2　升压变换电路

升压变换电路又称为 Boost 变换器，它是一种对输入电压进行升压变换的直流斩波器。升压变换电路目前的典型应用有三种：一是用于直流电动机传动；二是用于单相功率因数校正电路；三是用于交直流电源中，其电路结构如图 3-18（a）所示。

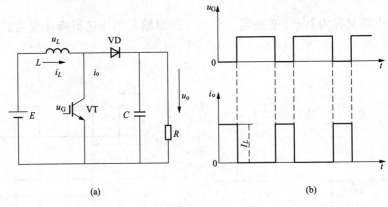

图 3-18　升压变换电路

(a) 电路图；(b) 波形图

当 VT 导通时，电源 E 向串在回路中的电感 L 充电，L 存储能量，电感电压左正右负，此时，在 R 与 L 之间的二极管 VD 被反偏截止，流过 L 的电流为 i_L。由于电感 L 的恒流作用，此充电电流为恒值 I_L。另外，VD 截止时 C 向负载 R 放电，由于 C 已经被充电且 C 容量很大，所以负载电压保持为一恒值，记为 U_o。设 VT 的导通时间为 t_{on}，则此阶段电感 L 上的储能可以表示为 $EI_L t_{\mathrm{on}}$。

在 VT 关断时，储能电感 L 两端电动势极性变成左负右正，VD 转为正偏，电感 L 与电源 E 叠加共同向电容 C 充电，向负载 R 供能。如果 VT 的关断时间为 t_{off}，则此时间内电感 L 释放的能量可以表示为 $(U_\mathrm{o} - E)I_L t_{\mathrm{off}}$。

当电路处于稳态时，一个周期内电感 L 储存的能量与释放的能量相等，即

$$EI_L t_{\mathrm{on}} = (U_\mathrm{o} - E)I_L t_{\mathrm{off}} \tag{3-7}$$

由式（3-7）可求出负载电压 U_o 的表达式，即

$$U_\mathrm{o} = \frac{t_{\mathrm{on}} + t_{\mathrm{off}}}{t_{\mathrm{off}}}E = \frac{T}{t_{\mathrm{off}}}E \tag{3-8}$$

由式（3-8）可看出，周期 $T \geqslant t_{\text{off}}$，故负载上的输出电压 U_{o} 高于电路输入电压 E，该变换电路称为升压式斩波电路。

对升压变换电路的进一步分析可以发现：要使输出电压高于电源电压，应满足两个假设条件，即电路中电感的 L 值很大，电容的 C 值也很大。只有在上述条件下，L 在存储能量后才具有使电压泵升的作用，C 在 L 储能期间才能维持输出电压不变。但实际上假设的理想条件不可能满足，即 C 值不可能无穷大，U_{o} 必然会有所下降。因此，由式（3-8）求出的电压值比实际电路输出电压偏高。

3.3.3 升降压变换电路

升降压变换电路及波形输出如图 3-19 所示。图中，VT 为全控型器件；电感 L 和电容 C 的值都很大，使电感电流 i_L 和电容电压即负载电压 u_{o} 基本恒定。

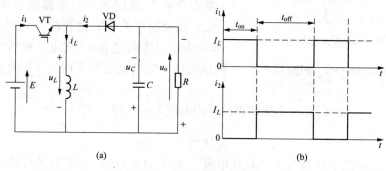

图 3-19 升降压变换电路

（a）电路图；（b）波形图

当开关 VT 导通时，电源 E 经 VT 给电感 L 充电储能，电感电压上正下负，此时 VD 被负载电压（下正上负）和电感电压反偏，流过 VT 的电流为 i_1（$= i_L$），方向如图 3-19（a）所示。由于此时 VD 反偏截止，电容 C 向负载 R 供能并维持输出电压基本恒定，负载 R 及电容 C 上的电压极性为上负下正，与电源极性相反；当开关 VT 关断时，电感 L 极性变反（上负下正），VD 正偏导通，电感 L 中的储能通过 VD 向负载 R 和电容 C 释放，放电电流为 i_2，电容 C 被充电储能，负载 R 也得到电感 L 提供的能量。

稳态时，一个周期 T 内电感 L 两端电压 u_L 对时间的积分为零，即

$$\int_0^T u_L \, \mathrm{d}t = 0 \tag{3-9}$$

在开关 VT 导通期间，有 $u_L = E$；而在 VT 截止期间，$u_L = -U_{\text{o}}$，于是有

$$E t_{\text{on}} = U_{\text{o}} t_{\text{off}} \tag{3-10}$$

所以，输出电压 U_{o} 为

$$U_{\text{o}} = \frac{t_{\text{on}}}{t_{\text{off}}} E = \frac{t_{\text{on}}}{T - t_{\text{on}}} E = \frac{D}{1 - D} E \tag{3-11}$$

改变 D 输出电压既可高于输入电压，也可低于输入电压。

当 $0 < D < 1/2$ 时，斩波器输出电压低于输入电压，此时为降压变换；

当 $1/2 < D < 1$ 时，斩波器输出电压高于输入电压，此时为升压变换。

3.3.4 Cuk 直流变换电路

前面几种直流变换电路的输出与输入端都含有较大的纹波，尤其是在电流不能连续的情况下，电路的输出电压是脉动的。因谐波会使电路的变换效率降低，大电流的高次谐波还会产生辐射而干扰其他的电子设备。

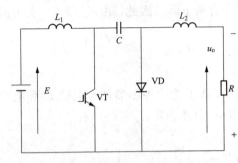

图 3-20 Cuk 直流变换电路

Cuk 直流变换电路可以作为升降压式变换电路的改进电路，其电路原理图如图 3-20 所示。Cuk 直流变换电路的优点是直流输入电流和负载输出电流连续，脉动成分较小。

当控制开关 VT 导通时，电源 E 经 L_1→VT 回路给 L_1 充电储能，C 通过 C→L_2→R→VT 回路向负载 R 输出电压，负载电压极性为下正上负。当控制开关 VT 截止时，电源 E 通过 L_1→C→VD 回路向电容 C 充电，极性为左正右负；L_2 通过 L_2→VD→R→L_2 回路向负载 R 输出电压，输出电压的极性为下正上负，与电源电压相反。

电路稳态时，电容 C 在一个周期内的平均电流为零，即

$$\int_0^T i_C \mathrm{d}t = 0 \tag{3-12}$$

设电源电流 i_1 的平均值为 I_1，负载电流 i_2 的平均值为 I_2，VT 导通时间为 t_{on}，则电容电流和时间的乘积为 $I_2 t_{on}$；VT 关断时间为 t_{off}，则电容电流和时间的乘积为 $I_1 t_{off}$。由电容 C 在一个周期内的平均电流为零的原理可写出表达式

$$\int_0^T i_C \mathrm{d}t = \int_0^{t_{on}} i_2 \mathrm{d}t + \int_{t_{on}}^T i_1 \mathrm{d}t = I_2 t_{on} - I_1 t_{off} = 0 \tag{3-13}$$

从而可得

$$\frac{I_2}{I_1} = \frac{t_{off}}{t_{on}} = \frac{T - t_{on}}{t_{on}} = \frac{1-D}{D} \tag{3-14}$$

忽略 Cuk 变换电路内部元件 L_1、L_2、C 和 VT 的损耗，电源输出的电能 EI_1 等于负载上得到的电能 $U_o I_2$，即

$$EI_1 = U_o I_2 \tag{3-15}$$

由式（3-14）和式（3-15）可以得出输出电压 U_o 与输入电压 E 的关系为

$$U_o = \frac{D}{1-D} E \tag{3-16}$$

可见，通过调整 D 的大小，可实现 Cuk 变换电路升压或降压的功能。

专题 3.4 直流电压变换电路的驱动控制

3.4.1 GTO 门极驱动电路

1. GTO 对门极驱动电路的要求

开通时，要求门极驱动电流脉冲应上升沿陡、宽度大、幅度高、下降沿平缓。若门极驱

动电流脉冲幅度和宽度不足，可能会引起 GTO 无法开通。一般要求脉冲电流幅度比规定的额定直流触发电流应大 3～10 倍，脉冲下降沿应尽量平缓，下降沿过陡容易产生振荡。

关断时，要求门极驱动电流脉冲应上升沿较陡、宽度足够、幅度较高、下降沿平缓。上升沿要求陡以缩短关断时间，减少关断损耗。

2. GTO 晶闸管门极驱动电路的结构

GTO 晶闸管是电流驱动型器件。GTO 晶闸管的触发导通过程与普通晶闸管相似，但关断过程则与普通晶闸管完全不同，GTO 晶闸管关断控制需施加负门极电流。GTO 晶闸管关断的门极反向电流比较大，约为阳极电流的 1/5。尽管采用高幅值的窄脉冲可以减少关断所需的能量，但还是要采用专门的触发驱动电路。

GTO 晶闸管门极驱动电路包括开通电路、关断电路和门极反偏电路三部分。耦合方式有脉冲变压器耦合式和直接耦合式两种类型。脉冲变压器耦合式驱动电路可避免电路内部的相互干扰和寄生振荡，可得到较陡的脉冲上升沿，目前应用较广，但其功耗大，效率较低。

3. GTO 晶闸管门极驱动电路

图 3-21 所示为两种 GTO 晶闸管门极驱动电路。

图 3-21（a）所示的 GTO 晶闸管门极驱动电路，属电容储能电路。工作原理是利用正向门极电流向电容充电触发 GTO 晶闸管导通；当关断时，利用电容放电形成门极关断电流。当 $u_i = 0$ 时，复合管 VT1、VT2 饱和导通，VT3、VT4 截止，U_C 对电容 C 充电，形成正向门极电流，触发 GTO 晶闸管导通；当 $u_i > 0$ 时，复合管 VT1、VT2 截止，VT3、VT4 饱和导通，电容 C 沿 VD1、VT4 放电，形成门极反向电流，使 GTO 晶闸管关断，放电电流在 VD1 的压降保证了 VT1、VT2 的截止。

图 3-21（b）所示是一种桥式驱动电路。当在晶体管 VT1、VT4 的基极加控制电压使它们饱和导通时，GTO 晶闸管被触发导通；当普通晶闸管 VT2、VT3 的门极加控制电压使其导通时，GTO 晶闸管关断。由于 GTO 晶闸管关断时门极电流较大，所以关断时用普通晶闸管组。晶体管组和晶闸管组是不能同时导通的。图中，电感 L_1、L_2 的作用是在晶闸管阳极电流下降期间释放所储存的能量，补偿 GTO 晶闸管的门极关断电流，提高了关断能力。

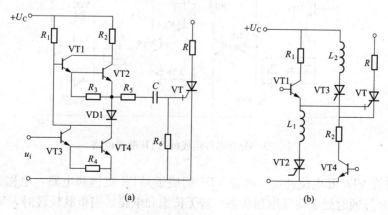

图 3-21　两种 GTO 门极驱动电路
（a）电容储能电路；（b）桥式驱动电路

3.4.2　GTR 基极驱动电路

1. GTR 对基极驱动电路的要求

GTR 是电流驱动型器件，理想的 GTR 基极驱动电流波形如图 3-22 所示。GTR 对基极驱动电路要求如下：

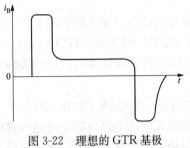

图 3-22　理想的 GTR 基极
驱动电流波形

（1）GTR 开通时，驱动电流上升沿要陡，并有一定的幅值，以缩短开通时间，减小导通损耗；

（2）GTR 导通后，应减小相应的驱动电流，使 GTR 处于临界饱和状态，不进入放大区和深饱和区，以降低驱动功率；

（3）GTR 关断时，应提供足够大的反向基极电流，并施加一定幅值的负偏压，以缩短关断时间，减少关断损耗；

（4）驱动电路与主电路之间应进行电气隔离，以提高抗干扰能力，保证安全；

（5）具有自动保护功能，在故障时快速自动切除驱动信号，以免损坏 GTR。

2. 驱动电路与主电路的电气隔离

驱动电路中，常采用光隔离或磁隔离来实现驱动电路与主电路之间的电气隔离。光隔离所采用的组件是光耦合器。光耦合器由发光组件（发光二极管）和受光组件（光敏二极管、光敏晶体管）组成，并封装在一起，以光为媒介传递信号。磁隔离是利用脉冲变压器进行隔离。

3. GTR 驱动电路

GTR 驱动电路的形式很多，下面介绍其中两种，以供参考。

（1）分立器件组成的驱动电路。图 3-23 所示是一种由分立器件组成的 GTR 驱动电路。该电路具有负偏压，且能防止过饱和。它包括电气隔离和晶体管放大电路两部分。

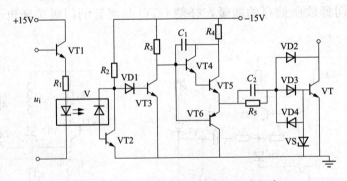

图 3-23　分立器件组成的 GTR 驱动电路

钳位二极管 VD2 和电位补偿二极管 VD3 构成了 GTR 抗饱和电路，也称为贝克钳位电路，可使 GTR 导通时处于临界饱和状态。若无抗饱和电路，当负载较轻时，VT5 的发射极电流全部注入 GTR 的基极，就会使 GTR 过饱和，关断时退饱和时间会延长。连接上抗饱和电路后，当 GTR 由于过饱和而造成集电极电位低于基极电位时，VD2 就会导通，将 GTR 多余的基极电流注入 GTR 的集电极，从而减小 GTR 的饱和深度，以维持 $u_{BE} \approx 0$。而当负载加重时，GTR 集电极电位升高，VD2 截止，由 VD2 旁路的电流又会自动回到基极，确保 GTR 不会退出饱和。这样，抗饱和电路就会使 GTR 在不同的集电极电流情况下，集电极始终处于零偏置或轻微正向偏置的临界饱和状态。

当 u_i 为高电平时，晶体管 VT1、光耦合器 V 及晶体管 VT2 均导通，而晶体管 VT3 截止，VT4 和 VT5 导通，VT6 截止。VT5 的发射极电流经 R_5、VD3 驱动 GTR，使其导通，同时给电容 C_2 充上左正右负的电压。

当 u_i 为低电平时，晶体管 VT1、光耦合器 V 及晶体管 VT2 均截止，而晶体管 VT3 导通，VT4 和 VT5 截止，VT6 导通。C_2 通过 VT6、GTR 的 EB 结、VD4 放电，使 GTR 迅速截止。然后，C_2 经 VT6、VD4、VS 继续放电，使 GTR 的 B、E 结承受反向压降，保证其可靠截止。因此，称 VT6、VD4、VS 和 C_2 构成的电路为截止反偏电路，C_2 为加速电容。"加速"的含义是：在开通时，R_5 被 C_2 短路。这样，就可以加速 GTR 的开通。

（2）GTR 集成基极驱动电路。GTR 的集成基极驱动电路，常用的是 THOMSON 公司的 UAA4002 和三菱公司的 M57215BL。下面介绍 THOMSON 公司的 UAA4002 集成基极驱动电路。

UAA4002 内部功能框图及管脚如图 3-24 所示。

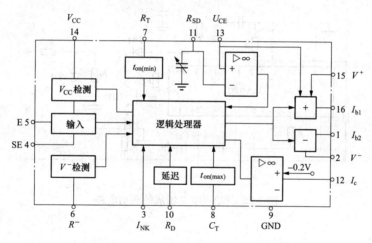

图 3-24　UAA4002 内部功能框图及管脚

THOMSON 公司生产的 UAA4002 大规模集成基极驱动电路可对 GTR 实现较理想的基极电流优化驱动和自身保护。它采用标准的双列 DIP16 封装，对 GTR 基极正向驱动能力为 0.5A，反向驱动能力为－3A，也可以通过外接晶体管扩大驱动能力，不需要隔离环节。UAA4002 可对被驱动的 GTR 实现过电流保护、退饱和保护、最小导通的时间限制、最大导通的时间限制、正反向驱动电源电压监控以及自身过热保护。各管脚的功能如下：

管脚 1：反向基极电流输出端。

管脚 2：负电源端（－5V）。

管脚 3：输出脉冲封锁端，"1"为封锁输出信号，"0"为解除封锁。

管脚 4：输入选择端，"1"为电平输入，"0"为脉冲输入。

管脚 5：驱动信号输入端。

管脚 6：由 R^- 接负电源，该脚通过一个电阻与负电源相接，当负电源欠电压时可起保护作用。若接地，则无此保护功能。

管脚 7：最小导通时间控制端，由外接电阻 R_T 决定。

管脚 8：最大导通时间控制端，由外接电容 C_T 决定。若接地，则不限制导通时间。

管脚 9：接地端。

管脚 10：输出相对于输入电压上升沿延迟量，由 R_D 接地。若不需要延迟，此端接正电源。

管脚 11：通过 R_{SD} 接地，完成退饱和保护。接负电源，则无退饱和保护作用。

管脚 12：过电流保护端，接 GTR 射极的电流互感器。若电流值大于设定值，则过电流保护动作，关断 GTR；若接地，则无过电流保护功能。

管脚 13：防止退饱和。通过抗饱和二极管接到 GTR 的集电极。

管脚 14：正电源，为 10～15V。

管脚 15：输出级电源输入端，通过一电阻接正电源。

管脚 16：正向基极电流输出端。

UAA4002 组成的驱动电路如图 3-25 所示。

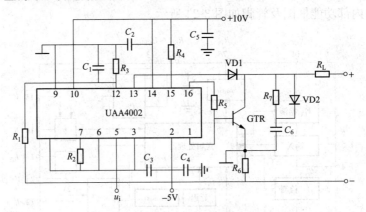

图 3-25　UAA4002 组成的驱动电路

3.4.3　电力 MOSFET 的驱动电路

1. 电力 MOSFET 对驱动信号的要求

（1）触发脉冲要有足够快的上升和下降速度，即脉冲前后沿要陡。

（2）触发脉冲电压 u_{GS} 应高于开启电压，但不超过最大触发额定电压。触发脉冲电压也不能过低，否则会使通态电阻增大，并降低抗干扰能力。一般 u_{GS} 取 $10 \sim 18V$。

（3）驱动电路的输出电阻应较低，开通时以低电阻对栅极输入电容充电，关断时为栅极电荷提供低电阻放电回路，以提高电力 MOSFET 的开关速度。

（4）尽管静态时电力 MOSFET 几乎不需要输入电流，但由于栅极输入电容 C_{in} 的存在，在开通和关断过程中仍需一定的驱动电流来给 C_{in} 充放电，且 C_{in} 越大，所需的驱动电流越大。

（5）为防止误导通，在电力 MOSFET 截止时需提供负的栅源电压。

（6）驱动电源须并联旁路电容，它不仅能滤除噪声，也可给负载提供瞬时电流，加快电力 MOSFET 的开关速度。

2. 电力 MOSFET 的驱动电路

（1）TTL 直接驱动电路，如图 3-26 所示。当 TTL 输出管导通时晶体管 VT 截止，电力 MOSFET 的输入电容被短路接地，这时吸收电流的能力受 TTL 输出管的电流容量和它可能得到的基极电流的限制。TTL 输出为高电平时，栅极通过晶体管 VT 获得电压及电流，充电能力提高，因而开通速度加快。

（2）隔离驱动电路。图 3-27 所示为变压器隔离驱动电路，它通过变压器将控制信号回路与驱动回路隔离。在续流二极管 VD 支路中串接一只稳压管 VS，当 VD 关断时起钳位作用，从而缩短了关断时间。

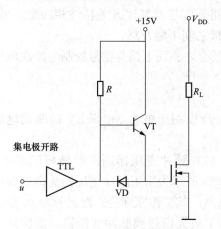

图 3-26　TTL 直接驱动电路

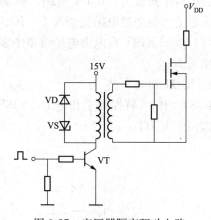

图 3-27　变压器隔离驱动电路

光电耦合隔离驱动电路如图 3-28 所示。通过光耦合器将控制信号回路与驱动回路隔离，使得输出级设计电阻减小，解决了栅极驱动源低阻抗的问题，但由于光耦合器响应速度慢，因此使开关延迟时间加长。

（3）专用集成驱动电路，采用专为驱动电力 MOSFET 而设计的混合集成电路有三菱公司的 M57918L，其输入信号电流幅值为 16mA，最大输出脉冲电流为 +2A 和 -3A，输出驱动电压为 +15V 和 -10V。

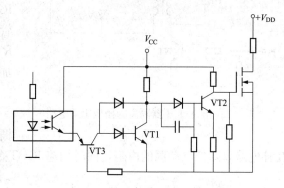

图 3-28　光电耦合隔离驱动电路

3.4.4　IGBT 栅极驱动电路

1. IGBT 对栅极驱动电路的要求

（1）IGBT 有一个容性输入阻抗，对电荷积聚很敏感，因此驱动电路必须可靠，要有一条低阻抗的放电回路，驱动电路与 IGBT 的连线应尽量短。

（2）用内阻小的驱动源对栅极电容充放电，以保证栅极控制电压 U_{GE} 有足够陡的上升沿和下降沿，使 IGBT 的开关损耗尽量小。另外，IGBT 开通后，栅极驱动源应能提供足够的功率，使 IGBT 不退出饱和而损坏。

（3）驱动电路要能传递几十千赫兹的脉冲信号。

（4）要提供大小适当的正反向驱动电压 U_{GE}。正向偏压 U_{GE} 增大时，IGBT 通态压降和开通损耗均下降，但若 U_{GE} 过大，则负载短路时其 I_C 随 U_{GE} 的增大而增大，使 IGBT 能承受短路电流的时间减小，影响其安全，因此在有短路过程的设备中 U_{GE} 应选得小些，一般选 12～15V。

（5）在大电感负载下，IGBT 的开关时间不能太短，以限制 di/dt 形成的尖峰电压，确保 IGBT 的安全。

（6）IGBT 的栅极驱动电路应尽可能简单实用，最好自身带有对 IGBT 的保护功能，要有较强的抗干扰能力。IGBT 控制、驱动及保护电路等应与其高速开关特性相匹配，另外，在未采取适当的防静电措施情况下，IGBT 的 G-E 极之间不能开路。

（7）由于 IGBT 在电力电子设备中多用于高压场合，驱动电路与信号控制电路在电位上应严格隔离。

2. IGBT 驱动电路

IGBT 的输入特性几乎和电力 MOSFET 相同，所以用于电力 MOSFET 的驱动电路同样可以用于 IGBT。

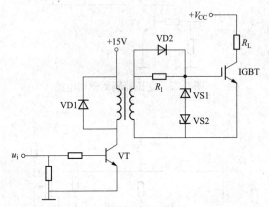

图 3-29　脉冲变压器隔离的栅极驱动电路

（1）脉冲变压器隔离的栅极驱动电路。图 3-29 所示为采用脉冲变压器隔离的栅极驱动电路。其工作原理是：控制脉冲 u_i 经晶体管 VT 放大后送到脉冲变压器，由脉冲变压器耦合，并经 VS1、VS2 稳压限幅后驱动 IGBT。脉冲变压器的一次侧并接了续流二极管 VD1，以防止 VT 中可能出现的过电压。R_1 限制栅极驱动电流的大小，R_1 两端并接了加速二极管，以提高开通速度。

（2）光耦合栅极驱动电路。图 3-30 所示一种光耦合栅极驱动电路，它使信号电路与栅极驱动电路隔离。驱动电路的输出级采用互补电路以降低驱动源的内阻，同时加速 IGBT 的关断过程。

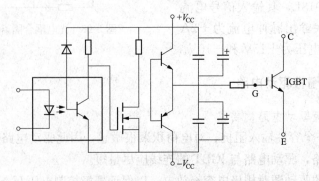

图 3-30　光耦合栅极驱动电路

（3）专用集成驱动电路，采用日本三菱公司生产的专用驱动 IGBT 模块的驱动器 M57962L，其内部结构框图及外形如图 3-31 所示，M57962L 内部结构包括由光耦合器、接口电路、检测电路、定时复位电路以及门极关断电路。

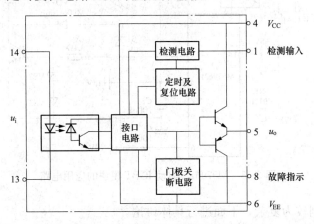

图 3-31　M57962L 内部结构框图

M57962L 主要有以下特点：具有较高的输入输出隔离度；采用双电源供电方式，以确保 IGBT 可靠通断；内有短路保护电路；输入端为 TTL 门电平，适于单片机控制。

M57962L 外形与管脚排列如图 3-32 所示。M57962L 驱动器的印刷电路及外壳用环氧树脂封装，共有 14 根管脚，其中 2、3、7、9、10、11、12 脚为空脚。各管脚功能如下。

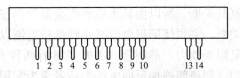

图 3-32　M57962L 外形与管脚排列

管脚 1：过电流检测输入端。

管脚 4：+15V 电源电压端。

管脚 5：驱动信号输出端。驱动电流范围 $-5 \sim +5A$（20kHz 时）；电压正极性时为 +14V，负极性时为 $-9V$。

管脚 6：$-10V$ 电源电压。

管脚 8：故障信号输出（低电平有效）。

管脚 13：控制信号输入（低电平有效）。

管脚 14：控制侧 5V 电压。

M57962L 驱动 IGBT 模块的应用电路如图 3-33 所示。当 IGBT 模块过载（过电压、过电流）时，即其集电极电压上升至大于 15V 时，隔离二极管 VD 截止，1 脚为 15V 高电平，驱动器将 5 脚置低电平，使 IGBT 截止，同时，8 脚置低电平，使光耦合器工作，以驱动外接电路将输入端 13 脚置高电平。稳压二极管 VS1 用于防止 VD 击穿而损坏 M57962L。R_2 为限流电阻。VS2、VS3 组成限幅器，以确保 IGBT 不被击穿。

3.4.5　晶闸管的关断控制

前面讨论的直流电压变换电路的开关器件，多用全控型电力电子开关器件，如 GTR、电力 MOSFET、IGBT 等，也有少部分电路的开关器件用晶闸管。对于全控型电力电子开关器件，其控制较为简单，只要控制其基极或栅极的电流或电压即可控制其开通或关断。对

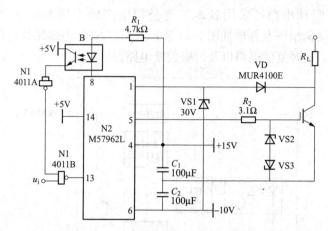

图 3-33　M57962L 驱动 IGBT 模块的应用电路

于晶闸管，其控制则较为复杂，下面进行具体讨论。

用晶闸管作为直流变换电路的开关器件，涉及到晶闸管的换流问题。换流是电力电子技术中的一个极为重要的概念，它是指电流按要求的时刻和次序从一条支路转移到另一条支路的过程，对于全控型电力电子器件的换流过程比较简单，利用全控型器件的自关断能力进行换流，也称为器件换流。但是由于晶闸管属于半控型器件，其门极只能控制其导通而不能控制其关断，所以由其组成的变换器就存在一个如何使其关断的问题。要使一个导通的晶闸管关断，必须使阳极电流减小到维持电流以下，并且还要有足够的时间（即关断时间）使其恢复阻断能力。晶闸管的关断通常有两种方法：一是在阳极回路加大阻抗，二是在晶闸管的阳、阴极间施加反向电压，后者更为常用。

晶闸管的换流可分为电网换流、负载换流和强迫换流三类。

电网换流即电源换流，是依靠交流电源电压进行换流。在由交流供电的各类变换器中，如可控整流电路、交流调压电路和交—交变频电路等，由于电源电压为正负交替变化，只要合理安排触发脉冲，就可使导通的晶闸管承受反压而关断。

在由直流供电的晶闸管变换器中，如直流变换电路和后续模块的无源逆变电路，由于晶闸管始终承受正向电压，导通后就无法关断，不可能由电网换流，只能采用负载换流或强迫换流。

负载换流是指依靠变换器负载的某些特性实现晶闸管的换流。凡是具有电流过零或负载电路能提供超前于电压的电流的负载，均能实现负载换流。由于大多数负载为感性负载，可以在负载中串联或并联电容，使之成为容性负载，电流超前电压即可实现负载换流。

强迫换流需要专门的换流环节或电路，其产生强制性反向电压或反向冲击电流，使晶闸管的电流迅速下降到零，它可以分为加反向电压换流和加反向冲击电流两类。强迫换流环节一般是由电容、电感等储能元件组成的谐振电路。

图 3-34 所示为脉冲电压换流电路，晶闸管 VT1 为主开关，它的关断借助由辅助晶闸管 VT2、二极管 VD、电感 L 和电容 C 等组成的换流电路实现。预先合上开关 S 给电容 C 按图中所示极性充电。当 VT1 处于导通状态时，除电源向负载供电外，C 上电压通过 VT1→ L→VD→C 回路放电并与 L 产生谐振。半个谐振周期后，C 上开始充反向电压，并由于二极管 VD 的阻挡而被保持，此时 C 上电压为下正上负。当需要关断 VT1 时，只要触发

VT2，则 C 上电压反向施加于 VT1 上，就可以使晶闸管 VT1 因承受反向电压而关断。VT2 则在反向电流 i_C 衰减到零时自然关断。

图 3-35 所示为脉冲电流换流电路。同样在晶闸管 VT1 处于导通状态时，预先给电容 C 按图中所示极性充电。当欲关断主晶闸管 VT1 时，触发导通辅助晶闸管 VT2，此时 C 与 L 产生谐振，半个谐振周期后，谐振电流 i_L 过零反向，VT2 自然关断，i_C 经二极管 VD2 和 VT1 形成回路，它对 VT1 是反向电流，直到晶闸管 VT1 电流衰减到零时关断。此后，二极管 VD1 导通，电流经 VD1 形成回路，二极管 VD1 上的管压降即为加在晶闸管 VT1 上的反向电压。

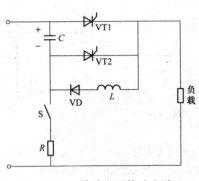

图 3-34　脉冲电压换流电路

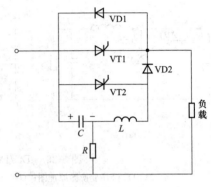

图 3-35　脉冲电流换流电路

专题 3.5　软开关技术

如何控制电力电子开关器件的导通和关断，以达到负载对供电电源的要求，是电力电子变换和控制技术中需要解决的一个重要技术问题。传统的电力电子线路中，为了可靠开通功率开关器件，通常需要满足其开通时的充分必要条件，即开关器件承受适当的正向电压和具有一定功率的触发信号。这种在功率开关器件端电压不为零时开通电路的方法称为硬开通；同样，如果开关器件在其通过的电流不为零时强迫关断电路则称为硬关断。硬开通、硬关断统称硬开关。通态时开关器件承载负载电流，但其通态压降小，所以通态功耗不大，断态时开关器件两端阻断的电压高但其漏电流小，故断态功耗也很小。但在硬开关过程中，开关器件在较高电压下通过较大电流，故产生很大的开关损耗。电力电子变换器开关频率的高频化能使其体积更小、质量更轻、输入输出波形更易于滤波，但硬开关过程却使提高开关频率面临一系列难题：开关损耗随开关频率的提高成正比增加，不仅降低了电路的效率，而且严重的发热温升可能使开关器件的寿命急剧缩短，此外还会产生严重的电磁干扰噪声，难与其他敏感电子设备电磁兼容。如果在电力电子变换电路中采取一些措施，如改变电路结构和控制策略，使开关器件在开通过程中其端电压为零，则可以大大缓解上述问题，这种开通方式称为零电压开通；同理，若使开关器件在关断过程之前其承载的电流已降为零，则这种关断方式称为零电流关断。零电压开通、零电流关断是电力电子器件最理想的开关方式，其开关过程中无能量损耗，但如果开关器件在开通过程中其端电压很小，在关断过程中其电流也很小，则这种开关过程的功耗也很小，称为软开关。虽然软开关不像零电流关断、零电压开通那样开关损耗为零，但也能大大降低开关损耗、减小开关时间、提高开关频率，从而克服电力电子变换和控制高频化所导致的一些问题。

3.5.1 硬开关的开关损耗

图 3-36（a）所示为 DC/DC 降压变换器及硬开关特性。开关器件 VT 断态时 $u_{VT}=U_{VD}$，$i_{VT}=0$，等效电阻 $R_{VT}=\infty$，二极管 VD 续流 $i_{VD}=I_o$，工作点为图 3-36（c）中的 A 点。VT 导通时，$u_{VT}=0$，$i_{VT}=I_o$，二极管 VD 截止，$i_{VD}=0$，工作点为图 3-36（c）中的 C 点。

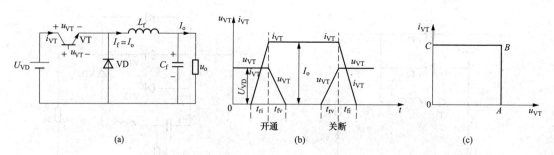

图 3-36　DC/DC 降压变换器及硬开关特性
（a）DC/DC 降压变换器原理图；（b）开关过程开关器件电压、电流的波形；（c）开关轨迹

1. VT 开通过程

VT 开通过程是指施加驱动信号后，R_{VT} 从 ∞ 减小到 0，VT 从断态过渡到通态的过程。

首先，在图 3-36（b）中，t_{ri} 期间，在 $u_{VT}\equiv U_{VD}$ 的情况下，i_{VT} 从 0 线性增大到 I_o。由于 $i_{VT}<I_o$，二极管仍然导通，$i_{VD}=I_o-i_{VT}$，所以 $u_{ab}=u_{VD}=0$，$u_{VT}=U_{VD}-u_{ab}=U_{VD}$，即 i_{VT} 在 $u_{VT}\equiv U_{VD}$ 情况下上升，$i_{VT}=I_o t/t_{ri}$。在 t_{ri} 期间，工作点轨迹为 A→B。此后，在 t_{fv} 期间 $i_{VT}\equiv I_o$，$i_{VD}=0$，二极管截止，$u_{VT}(=i_{VT}R_{VT}=I_o R_{VT})$ 随 R_{VT} 的减小，u_{VT} 减小到 0，工作轨迹为 B→C。在开通期 $t_{on}=t_{ri}+t_{fv}$ 期间，开通轨迹为 A→B→C。

2. VT 关断过程

VT 关断过程是指撤除驱动信号后，R_{VT} 从 0 增大到 ∞，VT 从通态过渡到断态的过程。

首先，在图 3-36（b）中，t_{rv} 期间，$i_{VT}\equiv I_o$，R_{VT} 从 0 增大，使 $u_{VT}(=i_{VT}R_{VT}=I_o R_{VT})$ 从 0 线性增大到 U_{VD}。在 $u_{VT}<U_{VD}$ 时，$U_{ab}>0$，二极管不导电，$i_{VT}=I_o$，t_{rv} 期间的工作轨迹为 C→B。此后，在 t_{fi} 期间 $u_{VT}\equiv U_{VD}$，二极管导电，电阻 R_{VT} 继续变大，使 i_{VT} 在 $u_{VT}\equiv U_{VD}$ 情况下，从 I_o 线性减小到 0，即 $i_{VT}=I_o(1-t/t_{fi})$，在 t_{fi} 期间工作点轨迹为 B→A，在关断期 $t_{off}=t_{rv}+t_{fi}$ 期间，工作点轨迹为 C→B→A。

如果开关开关频率为 f_s，则由图 3-36（b）中的 u_{VT}、i_{VT} 波形可以求得开关器件开通、关断过程的功耗为

$$P_{on}=f_s\int_0^{t_{on}}u_{VT}i_{VT}\mathrm{d}t=\frac{1}{2}U_{VD}I_o(t_{ri}+t_{fv})f_s=\frac{1}{2}U_{VD}I_o t_{on}f_s$$

$$P_{off}=f_s\int_0^{t_{off}}u_{VT}i_{VT}\mathrm{d}t=\frac{1}{2}U_{VD}I_o(t_{rv}+t_{fi})f_s=\frac{1}{2}U_{VD}I_o t_{off}f_s$$

通过以上分析可知，硬开关情况下，在开关器件开通过程中（R_{VT} 从 ∞ 减小到 0），有电流 i_{VT} 产生，并由小到大（i_{VT} 从 $0 \rightarrow I_\circ$）。而此时，u_{VT} 由大到小（u_{VT} 从 $U_{VD} \rightarrow 0$）变化，电流与电压有重叠时间；在开关器件关断过程中（R_{VT} 从 0 减小到 ∞），电流 i_{VT} 下降（i_{VT} 从 $I_\circ \rightarrow 0$），u_{VT} 由小到大（u_{VT} 从 $0 \rightarrow U_{VD}$）变化，电流与电压也有重叠时间。所以，不论是开通还是关断都有很大的开关损耗。

同时，随着电力电子变换器的高频化、大功率化及其产品的广泛应用，其所带来的电力公害已成为人们不得不关注的社会问题。高频化和大容量化装置内部电压、电流发生剧变，不但使器件承受很大的电压电流应力，还在装置的输入输出引线及周围空间里产生高频电磁噪声，引发电气设备的误动作，这种公害称为电磁干扰（Electro Magnitic Interference，EMI）。另一种公害是谐波，装置的输入电流波形严重失真，该波形里含有大量谐波，不但降低了电网的功率因数，还对同电网的其他电气设备的正常工作造成影响。

此外，变流电路中寄生电感、寄生电容可能引起的振荡，又使开关器件在高频硬开关状态下开关环境进一步恶化。

3.5.2 软开关原理

减少电力电子开关器件的开关损耗、电压峰值和电流峰值、改善 $\mathrm{d}u/\mathrm{d}t$、$\mathrm{d}i/\mathrm{d}t$ 等开关技术统称为软开关技术。为便于区别，把以往的开关技术称硬开关技术。

简单的说，软开关就是对电力电子变换电路的结构和控制方法进行调整，使功率开关器件在端电压为 0 时（或很小时）开通，并在电流为 0（或很小）时关断。要达到这一要求，很容易联想到谐振电路，因为电路的谐振过程就是一个电路、电压按一定规律不断变化的过程，关键的问题是如何控制谐振过程来满足软开关的要求。

在电力电子变换电路中，利用 LC 谐振特性使变换器中开关器件的端电压 u_{VT} 或电流 i_{VT} 自然地谐振过零，在开关器件端电压 u_{VT} 降为 0 后［如图 3-37（a）中 t_0 时刻］，即其等效电阻 R_{VT} 变为 0 后，施加驱动信号，开通电路。这样，在电流 i_{VT} 的建立过程中电流、电压因没有重叠时间而无开通损耗，即 $P_{on} = u_{VT} i_{VT} = 0$，这种开通方式称为零电压开通，如图 3-37（a）所示。如果流经开关器件的电流因电路谐振电流自然地降为 0［如图 3-37（a）中 t_1 时刻］，则在开关管电流下降时因开关管仍处于通态，$R_{VT} = 0$，其电压为 0 而无损耗关断，电流降到零后再撤除驱动信号。由于电流早已为零也无开关损耗，这种关断方式称为零电流关断，如图 3-37（a）所示。零电压开通和零电流关断都无开关损耗，这是最理想的软开关过程。

如果像图 3-37（b）所示，施加驱动信号后，在 R_{VT} 减小、电流上升的开通过程中，电压 u_{VT} 不大或迅速下降为零，这种开通过程开通损耗不大，称为软开通。如果撤除驱动信号后，在 R_{VT} 变大、电流下降的过程中，电压 u_{VT} 不大或上升很慢，则这种关断过程关断损耗也不大，称为软关断。图 3-37（b）所示为软开通、软关断过程中的电压、电流及损耗波形。从该图可以看出，虽然在开关器件开通的 t_0 时刻端电压 u_{VT} 并不为零，电流电压有重叠时间，功率损耗不为零，但由于在重叠区内，电压 u_{VT} 很快就下降到零，所以开通损耗 P_{on} 也就比较小。同样，虽然在开关器件关断的 t_1 时刻电流不为零，但由于在电流电压的重叠区内电流 i_{VT} 很快就下降到零，所以关断损耗 P_{off} 也就比较小。

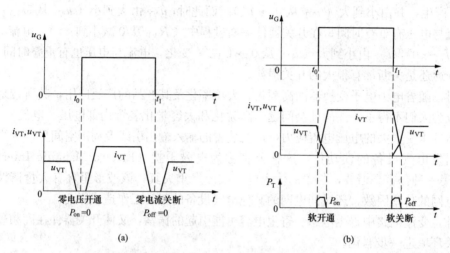

图 3-37　零电压开通、零电压关断及软开通、软关断工作过程
(a) 零电压开通、零电压关断波形；(b) 软开通、软关断波形

　　所谓零电压开通，零电流关断，并不是指负载电压为 0 或负载电流为 0，而仅仅是谐振过程中，在开关器件上产生的一个过零点，这并不影响负载电压和电流，在实际电路中，完全可以靠电感、电容等储能元器件和续流二极管等来维持负载的电压、电流在一定范围内保持不变。

3.5.3　软开关技术

　　电力电子变换器的软开关技术是利用电感和电容改变开关器件的开关轨迹（开关过程中电压 u_{VT} 和电流 i_{VT} 的瞬时值轨迹），减小开关损耗。最早采用的是 RLC 缓冲电路改善开关轨迹，减小开关器件自身的开关损耗。这种缓冲电路能改善开关轨迹，但并未能减小整个变换器的功耗，它只是将开关管的损耗转移到缓冲电路上消耗掉。这种措施不仅不能减少变换器的总损耗，甚至还会使总的损耗加大，降低变换器的效率。目前研究的软开关技术（包括零电压开通、零电流关断）不仅要改善开关轨迹，使开关器件工作安全可靠，还要减小开关损耗，而不是简单地转移开关损耗。

　　1. 软开关电路的基本结构

　　软开关电路的基本结构包括串联电感、并联电容、反并联二极管等，如图 3-38 所示，下面分别对这种结构进行简单说明。

　　(1) 串联电感。图 3-38（a）所示的串联电感电路是零电流开关电路（Zero Current Switching，ZCS）的基本结构。开关器件导通时，抑制 di/dt，消除 u_{VT}、i_{VT} 的重叠时间，防止发生开关损耗，可在任意时刻以 ZCS 开通。关断之前，要放完串联电感上的能量（即电流为零），以确保器件安全。

　　(2) 并联电容。图 3-38（b）所示的并联电容是零电压开关电路（Zero Voltage Switc-

hing，ZVS）的基本结构。开关器件关断时，抑制 du/dt，消除 u_{VT}、i_{VT} 的重叠时间，避免发生开关损耗。可在任意时刻以 ZCS 关断。器件开通之前，要放完并联电容上的电荷，以确保器件安全。

（3）反并联二极管。如图 3-38（c）所示，当外电路电流流经二极管时，开关器件处于零电压、零电流状态。此时，开通或关断开关器件，都是 ZVS、ZCS 动作。外电路由 LC 无源器件、辅助开关等谐振电路、辅助电路组成，也有同时使用电感和电容的情况。

串联二极管也能使开关器件为零电压、零电流状态，但因为有导通损耗，一般不使用。谐振型变流器兼用了反并联二极管的 ZCS 和 ZVS 的功能。

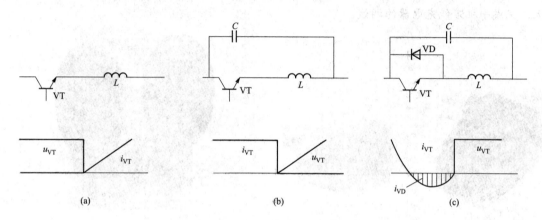

图 3-38   软开关电路的基本结构
（a）串联电感；（b）并联电容；（c）反并联二极管

2. 软开关的几个技术问题

（1）部分谐振 PWM。为了使软开关的效率尽量和硬开关时接近，必须防止器件电流有效值的增加。因此，在一个开关周期内，仅在器件开通和关断时使电路谐振，称为部分谐振。

（2）无损耗缓冲电路，是指使串联电感或并联电容上的电能释放时不经过电阻或开关器件的电路，常用反并联二极管来实现。

（3）IGBT 器件。在电动机控制中主开关器件多采用 IGBT，IGBT 关断时有尾部电流，对关断损耗有很大影响。因此，关断时采用零电流时间长的 ZCS 更合适。

（4）并联谐振。在构造部分谐振电路时，应避免主电流通过谐振电路，即谐振电感应与主电路并联。谐振型 PWM 除导通损耗增加，器件的峰值电压增大等缺点外，其效率与硬开关 PWM 差不多。具体电路有谐振型 PWM、ZCT、PWM、ZVT、PWM 等。

项目3   手机充电器的安装与调试

3.1   项目引入

电子设备离不开电源，电源供给电子设备所需要的能量。电源的性能直接影响着电子设备的安全可靠运行。例如，手机已经成为日常生活中不可缺少的通信工具，而手机充电器的重要作用也就显而易见了。常见的手机充电器如图 3-39 所示。

虽然手机的品牌和型号众多，各种手充电器形状和接口不同，但它们的原理和功能基本一样，电路结构大同小异。所有手机充电器其实都是由一个稳定电源加上必要的保护控制电路构成。

3.2 项目内容

选择手机万能充电器套件为载体，套件内含有电路图，元器件清单和元器件，如图 3-40 所示。通过完成元器件的识别与检测，并按标准焊接工艺将电子元器件焊接到印制电路板上，完成手机万能充电器的调试。

图 3-39　手机充电器示意图

图 3-40　手机万能充电器套件

3.3 项目分析

稳压电源通常分为线性稳压电源和开关稳压电源。

1. 线性稳压电源与开关稳压电源的比较

（1）线性稳压电源的特点是起电压调整功能的器件始终工作在线性放大区，其原理框图如图 3-41 所示，由 50Hz 工频变压器、整流器、滤波器和串联调整稳压器组成。

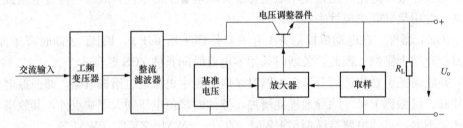

图 3-41　线性稳压电源

线性稳压电源的基本工作原理为，工频交流电源经过变压器降压、整流、滤波后成为一个稳定的直流电。图 3-41 中其余部分是起电压调节，实现稳压作用的控制部分。电源接上负载后，通过采样电路获得输出电压，将此输出电压与基准电压进行比较。如果输出电压小于基准电压，则将误差值经过放大电路放大后送入调节器的输入端，通过调节器调节使输出电压增加，直到与基准值相等；如果输出电压大于基准电压，则通过调节器使输出减小。

这种稳压电源具有优良的纹波及动态响应特性，但同时存在以下缺点：

1）输入采用 50Hz 工频变压器，体积庞大。

2）电压调整器件（如图 3-41 所示的三极管）工作在线性放大区内，损耗大，效率低。

3）过载能力差。

（2）开关稳压电源简称开关电源（Switching Power Supply），起电压调整的作用。这种实现稳压控制功能的器件始终以开关方式工作。图 3-42 所示为输入输出隔离的开关电源原理框图。

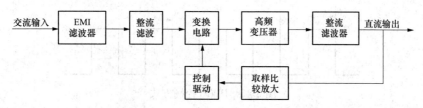

图 3-42　输入输出隔离的开关电源原理框图

开关稳压电源的主电路的工作原理是：50Hz 单相交流 220V 电压或三相交流 220V / 380V 电压首先经 EMI 防电磁干扰的电源滤波器滤波（主要滤除电源的高次谐波），直接整流滤波（不经过工频变压器降压，主要滤除整流后的低频脉动谐波），获得一个直流电压；然后再将此直流电压经变换电路变换为数十或数百千赫的高频方波或准方波电压，通过高频变压器隔离并降压（或升压）后，再经高频整流、滤波电路，最后输出直流电压。

开关稳压电源的控制电路的工作原理是：电源接上负载后，通过取样电路获得其输出电压，将此电压与基准电压做比较后，将其误差值放大，用于控制驱动电路，控制变换器中功率开关管的占空比，使输出电压升高（或降低），以获得一个稳定的输出电压。

开关稳压电源具有以下四个优点。

1）功耗小、效率高。开关管中的开关器件交替工作在导通—截止—导通的开关状态，转换速度快，这使得功率损耗小，电源的效率可以大幅度提高，可达 90%～95%。

2）体积小、质量轻。开关电源效率高，损耗小，可以省去较大体积的散热器；用起隔离作用的高频变压器取代工频变压器，可大大减小体积，降低质量；因为开关频率高，输出滤波电容的容量和体积也可大为减小。

3）稳压范围宽。开关电源的输出电压由占空比来调节，输入电压的变化可以通过占空比的大小来补偿。这样，在工频电网电压变化较大时，它仍能保证有较稳定的输出电压。

4）电路形式灵活多样。设计者可以发挥各种类型电路的特长，设计出能满足不同应用场合的开关电源。

开关稳压电源的缺点主要是存在开关噪声干扰。在开关稳压电源中，开关器件工作在开关状态，它产生的交流电压和电流会通过电路中的其他元器件产生尖峰干扰和谐振干扰，对这些干扰如果不采取一定的措施进行抑制、消除和屏蔽，就会严重影响整机正常工作。此外，这些干扰还会进入工频电网，使电网附近的其他电子仪器、设备和家用电器受到干扰。因此，设计开关电源时，必须采取合理的措施来抑制其本身产生的干扰。

2. 开关稳压电源的控制

开关电源中，变换电路起着主要的调节稳压作用，这是通过调节功率开关管的占空比来实现的。设开关管的开关周期为 T ，在一个周期内，导通时间为 t_{on} ，则占空比定义为 $D = t_{on}/T$ 。在开关稳压电源中，改变占空比的控制方式有两种：即脉冲宽度调制（PWM）和脉冲频率调制（PFM）。在脉冲宽度控制中，保持开关频率（开关周期 T ）不变，通过改变 t_{on} 来改变占空比 D ；从而达到改变输出电压的目的，即 D 越大，滤波后输出电压也就越大；D 越小，滤波后输出电压越小，如图 3-43 所示。

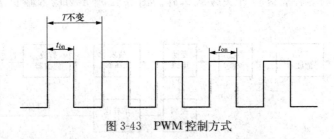

图 3-43　PWM 控制方式

频率控制方式中，保持导通时间 t_{on} 不变，通过改变频率（即开关周期 T ）而达到改变占空比的一种控制方式。由于频率控制方式的工作频率是变化的，造成后续电路滤波器的设计比较困难，因此，目前绝大部分的开关电源均采用 PWM 控制。

3. 隔离式高频变换电路

在开关稳压电源的主电路中，调频变换电路是核心部分，电路形式多种多样，下面介绍输入输出隔离的开关电源常用的几种高频变换电路的结构和工作原理。

（1）正激式变换电路（Forward）。正激式变换电路是指开关电源中的变换器不仅起着调节输出电压使其稳定的作用，还作为振荡器产生恒定周期 T 的方波，后续电路中的脉冲变压器也具有振荡器的作用。

正激式变换电路的结构如图 3-44 所示。工频交流电源通过电源滤波器、整流滤波器后

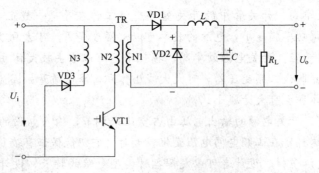

图 3-44　正激式变换电路

转换成该图中所示的直流电压 U_i ；VT1 为功率开关管，多为绝缘栅双极型晶体管 IGBT（其基极的驱动电路图中未画出）；TR 为高频变压器；L 和 C 组成 LC 滤波器；二极管 VD1 为半波整流元件，VD2 为续流二极管；R_L 为负载电阻；U_o 为输出稳定的直流电压。

当控制电路使 VT1 截止时，变压器一次侧、二次侧输出电压为 0。此时，变压器一次侧在 VT1 导通时储存的能量经过线圈 N3 和二极管 VD3 反送回电源。变压器的二次侧由于输出电压为零，所以二极管 VD1 截止，电感 L 通过二极管 VD2 续流并向负载释放能量，由于电容 C 的滤波作用，此时负载上所获得的电压保持不变，其输出电压为

$$U_{\circ} = \frac{N_2}{N_1} D U_{i} = k D U_{i} \tag{3-17}$$

式中：k 为变压器的变压比；D 为方波的占空比；N_1、N_2 为变压器一次侧、二次侧线圈的匝数。

由式（3-17）可看出，输出电压 $U_{\circ}$ 由电源电压 U_{i} 和占空比 D 决定。

这种电路适合的功率范围为数瓦至数千瓦。

（2）半桥变换电路。半桥变换电路又可称为半桥逆变电路，如图 3-45（a）所示。工频交流电源通过电源滤波器、整流滤波器后转换成图中所示的直流电压 U_{i}；VT1、VT2 为功率开关管 IGBT；TR 为高频变压器，L 和 C_3 组成 LC 滤波器；二极管 VD3、VD4 组成全波整流元件。

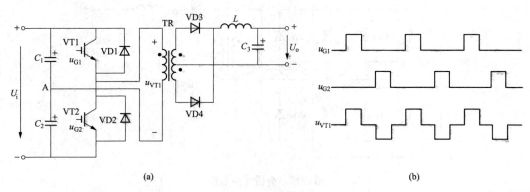

图 3-45　半桥变换电路
(a) 电路；(b) 波形

半桥变换电路的工作原理是：两个输入电容 C_1、C_2 的容量相同，其中，A 点的电压 U_A 是输入电压 U_{i} 的一半，即有 $U_{C1} = U_{C2} = U_{i}/2$。开关管 VT1、VT2 的驱动信号分别为 u_{G1}、u_{G2}，由控制电路产生两个互为反相的 PWM 信号，如图 3-45（b）所示。当 u_{G1} 为高电平时，u_{G2} 为低电平，VT1 导通，VT2 关断。电容 C_1 两端的电压通过 VT1 施加在高频变压器的一次测，此时 $u_{VT1} = U_{i}/2$，在 VT1、VT2 共同关断期间，一次侧线圈上的电压为零，即 $u_{VT1} = 0$。当 u_{G2} 为高电平时，u_{G1} 为低电平时，VT2 导通，VT1 关断，电容 C_2 两端的电压施加在高频变压器的一次侧，此时 $u_{VT1} = -U_{i}/2$，其波形如图 3-45（b）所示。可以看出，在一个开关周期 T 内，变压器上的电压分别为正、负、零值，这一点与正激变换电路不同。为了防止开关管 VT1、VT2 同时导通造成电源短路，驱动信号 u_{G1}、u_{G2} 之间必须具有一定的死区时间，即二者同时为零的时间。

当 $u_{VT1} = U_{i}/2$ 时，变压器二次侧所接二极管 VD3 导通，VD4 截止，整流输出电压的方向与图 3-45 所示的 $U_{\circ}$ 方向相同；当 $u_{VT1} = -U_{i}/2$ 时，二极管 VD4 导通，VD3 截止，整流输出电压的方向也与图 3-45 所示的 $U_{\circ}$ 方向相同；在二极管 VD3、VD4 导通期间，电感 L 开始储能。在开关管 VT1、VT2 同时截止期间，虽然变压器二次侧电压为 0，但此时电感 L 释放能量，又由于电容 C_3 的作用使输出电压恒定不变。

半桥变换电路的特点是：在一个开关周期 T 内，前半个周期流过高频变压器的电流与后半个周期流过的电流大小相等，方向相反。因此，变压器的磁心工作在磁滞回线 B-H 的两端，磁心得到充分利用。在一个开关管导通时，处于截止状态的另一个开关管所承受的电压与输入电压相等，开关管由导通转为关断的瞬间，漏感引起的尖峰电压被二极管 VD1 或 VD2 钳位，因此开关管所承受的电压绝对不会超过输入电压，二极管 VD1、VD2 还作为续流二极管具有续流作用，施加在高频变压器上的电压只是输入电压的一半。欲得到与下面将介绍的全桥变换电路相同的输出功率，开关管必须流过两倍的电流，因此半桥式电路是通过降压扩流来实现大功率输出的。另外，驱动信号 u_{G1}、u_{G2} 需要彼此隔离的 PWM 信号。

半桥变换电路适用于数百瓦至数千瓦的开关电源。

（3）全桥变换电路。将半桥电路中的两个电解电容 C_1 和 C_2 换成另外两只开关管，并配上相应的驱动电路即可组成如图 3-46 所示的全桥变换电路。

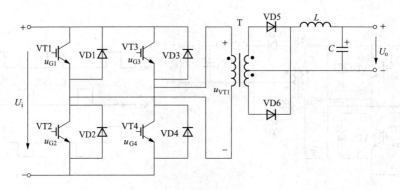

图 3-46　全桥变换电路

驱动信号 u_{G1} 与 u_{G4} 相同，u_{G2} 与 u_{G4} 相同，而且 u_{G1}、u_{G4} 与 u_{G2}、u_{G4} 互为反相。其工作原理如下。

当 u_{G1} 与 u_{G4} 为高电平，u_{G2} 与 u_{G3} 为低电平时，开关管 VT1、VT4 导通，VT2、VT3 关断，电源电压通过 VT1、VT4 施加在高频变压器的一次测，此时变压器一次测电压为 $u_{VT1} = U_i$。当 u_{G1} 与 u_{G4} 为低电平，u_{G2} 与 u_{G3} 为高电平时，开关管 VT2、VT3 导通，VT1、VT4 关断，变压器一次测电压为 $u_{VT1} = -U_i$。与半桥电路相比，一次侧线圈上的电压增加了一倍，而每个开关管的耐压仍为输入电压。

图 3-46 中，变压器二次侧所接二极管 VD5、VD6 为整流二极管，实现全波整流。电感 L 和 C 组成 LC 滤波器，实现对整流输出电压的滤波。

开关管 VT1、VT2、VT3、VT4 的集电极与发射极之间反接有钳位二极管 VD1、VD2、VD3、VD4，由于这些钳位二极管的作用，当开关管从导通到截止时，变压器一次侧磁化电流的能量以及漏感储能引起的尖峰电压的最高值不会超过电源电压 U_i，同时还可将磁化电流的能量反馈给电源，从而提高整机的效率。

全桥变换电路适用于数百瓦至数千瓦的开关电源。

除了上述变换电路外，常用的隔离型高频电路还有反激型变换电路、推挽型变换电路和双正激型变换电路。

4. 开关电源的应用

（1）电力系统用直流开关电源。图 3-47 所示为电力系统用直流开关电源的电路，其中，图 3-47（a）所示的主电路采用半桥变换电路，额定输出直流电压为 220V，输出电流为

100A。它包含图 3-42 中所有的基本功能模块，下面简单介绍主电路各功能模块。

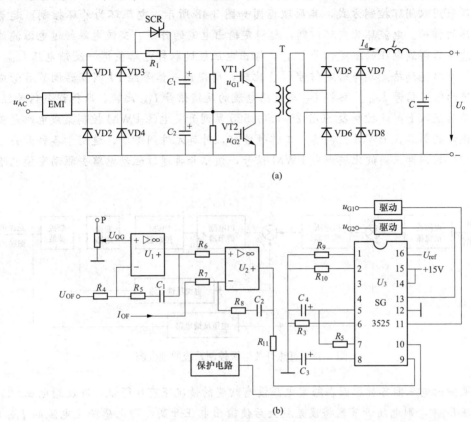

(a)

(b)

图 3-47　直流开关电源的电路

(a) 主电路；(b) 控制电路

1）交流进线 EMI 滤波器。为了防止开关电源产生的噪声进入电网或者防止电网的噪声进入开关电源内部，干扰开关电源的正常工作，必须在开关电源的输入端施加电磁干扰（Electro Magnetic Interference，EMI）滤波器，有时又称此滤波器为电源滤波器，用于滤除电源输入输出中的高频噪声（150kHz～30MHz）。该滤波器能同时抑制共模和差模干扰信号。

2）启动浪涌抑制电路。开启电源时，由于将对滤波电容 C_1 和 C_2 充电，接通电源瞬间电容相当于短路，因而会产生很大的浪涌电流，其大小取决于起动时的交流电压的相位和输入滤波器的阻抗。抑制启动浪涌电流最简单的办法是在整流桥的直流侧和滤波电容之间串联具有负温度系数的热敏电阻。启动时电阻处于冷态，呈现较大的电阻，从而可抑制启动电流。启动后，电阻温度升高，阻值降低，以保证电源具有较高的效率。虽然启动后电阻已较小；但电阻在电源工作的过程中仍具有一定的损耗，降低了电源的效率，因此该方法只适合小功率电源。

对于大功率电路，将上述热敏电阻换成普通电阻，同时在电阻的两端并接晶闸管，电源启动时晶闸管关断，由电阻限制启动浪涌电流。滤波电容的充电过程完成后，触发晶闸管，使之导通，从而既达到了短接电阻降低损耗的目的，又可限制启动浪涌电流。

3）输出控制电路。控制电路是开关电源的核心，它决定了开关电源的动态稳定性。该开关电源采用双闭环控制方式，其原理框图如图 3-48 所示。电压环为外环控制，起着稳定输出电压的作用。电流环为内环控制，起稳定输出电流的作用。交流电源经过电源滤波、整流再次滤波后得到电压的给定信号 U_{OG}，输出电压经过取样电路获得一反馈电压 U_{OF}。U_{OF} 通过反馈电路送到给定端与给定信号 U_{OG} 比较，所得误差信号经 PI 调节器调节后形成输出电感电流的给定信号 I_{OG}。再将 I_{PG} 与电感电流的反馈信号 I_{OG} 比较，所得误差信号经 PI 调节器调节后送入 PWM 控制器 SG3525（SG3525 系列开关电源 PWM 控制集成电路是美国通用公司设计的第二代 PWM 控制器，工作性能好，外部元件用量小，适用于各种开关电源），然后与控制器内部三角波比较形成 PWM 信号，该信号再通过驱动电路去驱动变换电路中的 IGBT。

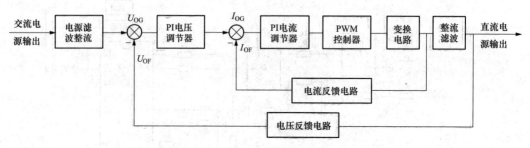

图 3-48　直流开关电源控制系统原理框图

如果输出电压因各种原因在给定电压没有改变的情况下有所降低，即反馈电压 U_{OF} 小于给定电压 U_{OG}，则电压调节器将误差放大后使输出电压升高，即电感给定电流的 I_{OG} 增大。电感给定电流增大又导致电流调节器的输出电压增大，使得 PWM 信号的占空比增大，最后达到增大输出电压的目的。当输出电压达到给定电压所要求的值时，调节器停止调节，输出电压稳定在所要求的值。

4）IGBT 驱动电路。驱动电路采用日本三菱公司生产的驱动模块 M57962L。该驱动模块为混合集成电路，将 IGBT 的驱动和过电流保护集于一体，能驱动电压为 600V 和 1200V 系列电流容量不大于 400A 的 IGBT。

（2）手机充电器。下面以诺基亚 USB 手机充电器 AC-8C 为例说明开关电源的应用。诺基亚 USB 手机充电器 AC-8C 电路原理图如图 3-49 所示。

其工作原理如下：初始上电时，电阻 R_2 和 R_3 给开关管 VT2 提供启动电流，VT2 导通时，集电极电流 i_c 由零开始上升。变压器同名端（黑圆圈）感应电压相对于异名端均为正极性，因此辅助线圈（2-3）感应电压经阻容振荡电路（R_9、C_3）加到 VT2 的基极，加速其饱和导通；二次侧的二极管 VD51 截止。VT2 截止时，变压器所有线圈极性反转，辅助线圈形成使 VT2 基极电流减小的正反馈，加速其截止，C_3 放电，准备进入下一个振荡周期，二次侧的二极管 VD51 导通，变压器二次侧线圈释放能量供给负载。

光耦（IC51）晶体管的电源由辅助线圈经 VD2、C_5 整流滤波供给。当光耦 LED 发光增强，光耦晶体管等效电阻减小，与 R_{11} 串联加到脉宽调制管 VT1 的基极，分流开关管 VT2 的基极电流，促使其提前导通，占空比减小，输出电压降低，反之亦反。

二次侧线圈输出电压经二极管 VD51、C_{51} 整流滤波：一路经 R_{51} 给光耦（IC51）LED 供

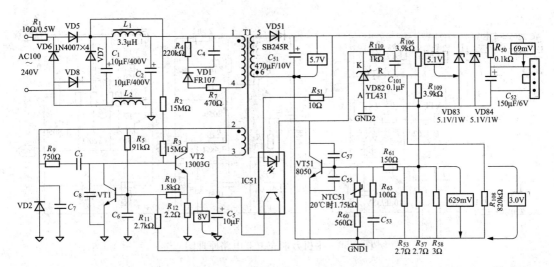

图 3-49　诺基亚 USB 手机充电器 AC-8C 电路原理图

电；另一路由 R_{106} 与 R_{109} 取样控制 VD82（TL431）；第三路经稳压二极管 VD83、VD84 和并联电阻 $R_{53}//R_{57}//R_{58}$ 返回；第四路经 R_{50}（C_{52} 滤波）输出供给 USB 接口。充电电流的路径：二极管 VD51—R_{50}—USB 接口—并联电阻 $R_{53}//R_{57}//R_{58}$（为叙述简便，将设为 R_S，阻值约为 0.93Ω）—返回二次侧线圈。

刚充电时，电流最大，并联电阻 R_S 上的压降最大，经电阻 R_{61} 使 VT51 导通。此时，光耦 LED 主要受 VD82 控制，二次整流输出电压（即电容 C_{51} 两端电压）最高，等于稳压二极管 VD83、VD84 两端的电压（大约为 5V）与 R_S 的压降之和。

充电后期电池电流减小，并联电阻 R_S 上的压降减小，不足以使 VT51 导通。此时，光耦 LED 主要受 VT51 控制，二次整流输出电压降低且随充电电流而变化，仍然等于稳压二极管 VD83、VD84 两端的电压与 R_S 的压降之和。

但无论负载状况如何，稳压二极管 VD83、VD84 两端的电压均由 VD82（TL431）决定。根据 TL431 的工作原理（参阅相关资料），该电压为 5V。

3.4　项目实施

1. 元器件测试

根据项目要求，核对手机万能充电器套件中的元器件，确定所需要的检测仪器、工具，对元器件进行测试。

2. 电路安装与调试

手机万能充电器电路原理图如图 3-50 所示。

（1）安装。参考万能充套件中电路图将元器件合理布局，完成安装。

首先，看好线路板上每个元器件对应的位置，一定要一一对应；然后，将元器件按照由低到高的顺序焊接在电路板上的对应位置，尤其注意不能够错装或将将某些带有极性的元件装反极性（如：二极管、发光二极管、稳压二极管、电解电容等）；最后，组装万能充电器，需要用引线焊接在线路板上的电源处，并将引线的另一端接到充电器插头接点上，用焊锡焊牢。再将线路板放到充电器外壳对应的位置上，用螺丝固定外盖。

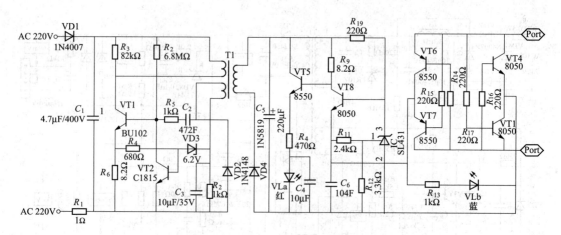

图 3-50　手机万能充电器电路原理图

安装时要注意以下事项：

1）由于线路板设计尺寸比较小巧，因此大部分元器件采用卧式安装。

2）充电电极与引线焊接时，要先将电极的氧化层刮除，这样方便焊接，同时焊锡不要太多，注意焊好后用手按动正面夹子弹簧，是否运动灵活。

3）焊接双色发光二极管时，若无法确定安装方向，可先用 5V 直流电源串联一只 2kΩ 左右电阻，确认发出红色、蓝色光的管脚，然后将蓝光管脚与 R_{13} 相连，以此确定双色发光二极管的安装方向。

4）由于 220V 交流电引入脚与线路板的连接是通过插头极片完成的，如果安装接触不良，将使充电器无法正常工作，在线路板焊接时必须在安装电极处上锡，在线路板平整地放入外壳后，用万用表电阻挡测量引脚与线路板是否接触可靠。

（2）调试。

1）全部元器件安装完成后，应仔细检查，确认元器件安装无误后方可通电。

2）从安全角度考虑，可先用直流电源进行充电电路的调试。具体方法是将 VD4 一个引脚与线路板断开，然后将直流稳压电源调整到输出 5.6V 电压，接于 C_5 两端，此时可以看到蓝色指示灯亮，取一块手机锂电池板，将充电电极引脚间距调整到正好与电路板上的正、负极距离相当，松开充电夹子，将电路板放入其中，若电量不足，此时可看到充电红色指示灯闪亮，表明充电电路基本正常。

3）所有元器件全部装好，接入 220V 交流电进行测试。用万用表测量 C_5 两端电压，正常值应为 5.6～6V，测量充电电极间电压，应为 4.3V 左右，当接上电池板后，C_5 两端电压应为 5.2～5.5V，而充电电极间电压则为电路板两端的电压值，同时双色发光二极管发光正常，即可判断充电器工作正常。

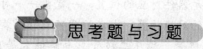

思考题与习题

3.1　GTO 晶闸管和普通晶闸管同为 PNPN 结构，为什么 GTO 晶闸管能够自关断，而普通晶闸管不能？

3.2　什么叫 GTR 的一次击穿？什么叫 GTR 的二次击穿？

3.3　怎样确定 GTR 的安全工作区 SOA？

3.4　GTO 晶闸管、GTR、电力 MOSFET 和 IGBT 的驱动电路各有什么特点？在使用中，它们的驱动电路可以互换吗？

3.5　试说明 IGBT、GTR、GTO 晶闸管和电力 MOSFET 各自的优缺点。

3.6　直流电压变换电路有几种电路结构？试分析它们各有什么特点？

3.7　在 Boost 变换电路中，已知 $U_d = 50\text{V}$，L 值和 C 值较大，$R = 20\Omega$，若采用脉宽调制方式，当 $T = 40\mu s$，$t_{on} = 20\mu s$ 时，试计算输出电压平均值 U_o 和输出电流平均值 I_o。

3.8　软开关与硬开关相比，有什么优越之处？

模块 4　交流调压电路与电风扇无级调速器

　　通过某种装置对交流电压的有效值或功率进行调整叫做交流调压。交流调压的方式一般分为三种：相控式、斩波式和通断式。第一种的电路一般由晶闸管构成，通过改变控制角实现调压，第二种又叫交流斩波器，一般要用全控型器件来实现；第三种也叫功率控制器，主电路和相控电路相似，但控制规则不同。交流调压电路广泛应用于工业加热、灯光控制（如调光台灯和舞台灯光控制）、异步电动机的软启动、异步电动机调压调速、供用电系统对无功功率的连续调节、高压小电流或低压大电流直流电源、调节变压器一次电压以及电焊、电解、电镀和交流侧调压等场合。

　　交流调压电路的结构框图，如图 4-1 所示。

图 4-1　交流调压电路的结构框图

　　本模块结合电风扇无级调速器，说明交流调压电路的工作过程。

专题 4.1　电力电子器件（三）

　　在晶闸管的家族中，除了模块 1 和模块 2 中介绍的普通晶闸管之外，根据不同的实际需要，还有一系列的派生器件，主要有双向晶闸管（TRIAC）、快速晶闸管（FST）、逆导晶闸管（RCT）和光控晶闸管（LATT）等。

　　1. 双向晶闸管（TRIAC）

　　双向晶闸管是在普通晶闸管的基础上发展而成的，它不仅能代替两只反极性并联的晶闸管，而且仅需一个触发电路，是目前比较理想的交流开关器件。

　　(1) 结构与外形。双向晶闸管的外形与普通晶闸管类似，有塑封式、螺栓式和平板式三种，可以看成是一对反向并联的普通晶闸管。它有两个主电极 T1 和 T2，一个门极 G，其内部结构、等效电路和电气图形符号如图 4-2 所示。

　　(2) 伏安特性。双向晶闸管的伏安特性如图 4-3 所示，它在主电极的正、反两个方向均可用交流或直流电流触发导通，因此双向晶闸管在第 Ⅰ 和第 Ⅲ 象限有对称的伏安特性。

　　主电压与触发电压相互配合，可以得到以下四种触发方式。

　　1) Ⅰ＋触发方式。主电极 T1 为正，T2 为负；门极 G 为正，T2 为负，伏安特性曲线在第 Ⅰ 象限。

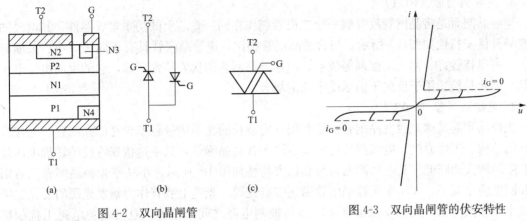

图 4-2　双向晶闸管

(a) 内部结构；(b) 等效电路；(c) 电气图形符号

图 4-3　双向晶闸管的伏安特性

2）Ⅰ－触发方式。主电极 T1 为正，T2 为负；门极 G 为负，T2 为正，伏安特性曲线在第Ⅰ象限。

3）Ⅲ＋触发方式。主电极 T1 为负，T2 为正；门极 G 为正，T2 为负，伏安特性曲线在第Ⅲ象限。

4）Ⅲ－触发方式。主电极 T1 为负，T2 为正；门极 G 为负，T2 为正，伏安特性曲线在第Ⅲ象限。

由于双向晶闸管的内部结构的原因，四种触发方式中灵敏度各不相同，以Ⅲ＋触发方式灵敏度最低，使用时要尽量避开，常采用的触发方式为Ⅰ＋触发和Ⅲ－触发。

（3）型号。双向晶闸管的型号表示方法，如图 4-4 所示。

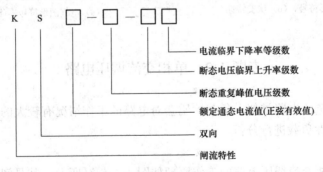

图 4-4　双向晶闸管型表示方法

2. 快速晶闸管（FST）

允许开关频率在 400Hz 以上工作的晶闸管称为快速晶闸管（Fast Switching Thyristor，FST），开关频率在 10kHz 以上的称为高频晶闸管。为了提高开关速度，快速晶闸管硅片厚度做得比普通晶闸管薄，因此承受正反向阻断重复峰值电压较低，一般在 2000V 以下。快速晶闸管 $\mathrm{d}u/\mathrm{d}t$ 的耐量较差，使用时必须注意产品铭牌上规定的额定开关频率下的 $\mathrm{d}u/\mathrm{d}t$。当开关频率升高时，$\mathrm{d}u/\mathrm{d}t$ 耐量会下降。

3. 逆导晶闸管（RCT）

逆导晶闸管是将晶闸管反并联一个二极管制作在同一管芯上的功率集成器件，其电气图形符号及伏安特性如图 4-5 所示。与普通晶闸管相比，逆导晶闸管具有正向压降小、关断时间短、高温特性好、额定结温高等优点。由逆导晶闸管的伏安特性可知，它的反向击穿电压很低，因此只能适用于反向不需承受电压的场合。

4. 光控晶闸管（LATT）

光控晶闸管又称光触发晶闸管，是利用一定波长的光照信号触发导通的晶闸管。光控晶闸管的结构、工作原理、电气图形符号基本同于普通晶闸管，只不过伏安特性的转折电压随光照度的增大而降低。其电气图形符号和伏安特性如图 4-6 所示。小功率光控晶闸管只有阳极和阴极两个端子。大功率光控晶闸管则还带有光缆，光缆上装有作为触发光源的发光二极管或半导体激光器。光触发保证了主电路与控制电路之间的绝缘，且可避免电磁干扰的影响，因此目前在高压大功率的场合，如高压直流输电和高压核聚变装置中，占据重要的地位。

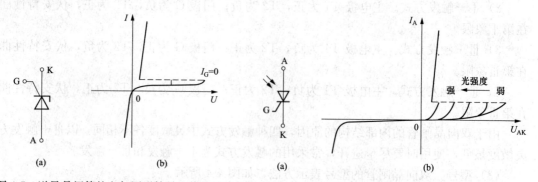

图 4-5　逆导晶闸管的电气图形符号和伏安特性　　　　图 4-6　光控晶闸管的电气图形符号和伏安特性
　　　（a）电气图形符号；（b）伏安特性　　　　　　　　　（a）电气图形符号；（b）伏安特性

专题 4.2　单相交流调压电路

与晶闸管相控整流电路类似，负载性质会对电路的工作情况有较大的影响，下面分别对纯电阻负载和电感性负载进行分析。

1. 电阻性负载

纯电阻负载单相交流调压电路的工作原理如图 4-7（a）所示，其晶闸管 VT1 和 VT2 反并联连接，也可以采用双向晶闸管，如图 4-7（b）所示。电流、电压波形如图 4-7（c）所示。

在电源电压 u_i 的正半周内，晶闸管 VT1 承受正向电压，在电源电压 u_i 的负半周，VT2 晶闸管承受正向电压。

$\omega t = 0 \sim \alpha$ 时，VT1、VT2 处于截止状态，输出电压 $u_i = 0$，$i_o = 0$。

$\omega t = \alpha$ 时，触发 VT1 导通，则负载上得到缺 α 角的正弦半波电压，输出电压 $u_o = u_i$，由于是电阻性负载，负载电流 $i_o = u_i / R$。

$\omega t = \alpha \sim \pi$ 时，VT1 继续导通，输出电压 $u_o = u_i$，$i_o = u_i / R$。

$\omega t = \pi$ 时，正半周结束，$u_o = 0$，$i_o = 0$，电源电压过零，VT1 管电流 i_o 下降为零而关断，输出电压 $u_o = 0$，$i_o = 0$。

$\omega t = \pi \sim (\pi + \alpha)$ 时，VT1、VT2 处于截止状态，输出电压 $u_o = 0$，$i_o = 0$。

$\omega t = \pi + \alpha$ 时，触发 VT2 导通，则负载上又得到缺 α 角的正弦负半波电压，输出电压 $u_o = u_i$，$i_o = u_i / R$。

$\omega t = (\pi + \alpha) \sim 2\pi$ 时，VT2 继续导通，输出电压 $u_o = u_i$，$i_o = u_i / R$。

$\omega t = 2\pi$ 时，$u_o = 0$，$i_o = 0$，VT2 截止，输出电压 $u_o = 0$，$i_o = 0$。

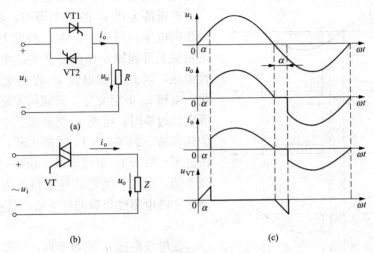

图 4-7　单相交流调压电路及电阻性负载单相交流调压电路工作波形
(a) 两个晶闸管的单相交流调压电路；(b) 双向晶闸管的单相交流调压电路；
(c) 电阻性负载单相交流调压电路工作波形

电源电压正半周触发 VT1，负半周触发 VT2 时，持续这样的控制，在负载电阻上便得到每半波缺 α 角的正弦电压，如同一个无触点开关，允许频繁操作，因为无电弧，寿命较长。若正、负半周以同样的移相角 α 触发 VT1 和 VT2，则负载电压有效值可以随 α 角而改变，实现交流调压。

从图 4-7 (c) 中可以看出，随着 α 的逐渐增大，电阻 R 上的电压 u_o 逐渐减小。当 $\alpha = 0$ 时，$u_o = u_i$；当 $\alpha = \pi$ 时，$u_o = 0$。因此，单相交流调压电路对电阻性负载，其电压可调范围为 $0 \sim U_i$，控制角的移相范围为 $0 \leqslant \alpha \leqslant \pi$，晶闸管导通角 $\theta = \pi - \alpha$。这种电路 $\alpha = 0$ 时，功率因数 $\lambda = 1$，随着 α 的增大，相控作用使输入电流滞后于电压且畸变，电路的功率因数也随之降低，这是相控电路普遍存在的一个缺点。

通过上述分析，可以得出：随着 α 角的增大，u_o 逐渐减小，当 $\alpha = \pi$ 时，$u_o = 0$。因此，单相交流调压电路对于电阻性负载，其电压可调范围为 $0 \sim U_i$，控制角 α 的移相范围为 $0 \sim \pi$。

交流调压电路的触发电路完全可以套用晶闸管可控整流和有源逆变电路的移相触发电路，但是脉冲的输出必须通过脉冲变压器，两个二次侧线圈之间要有充分的绝缘。

2. 电感性负载

(1) 工作原理。电感性负载单相交流调压电路的工作原理及工作波形如图 4-8 所示。

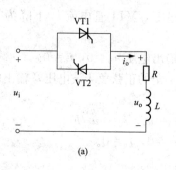

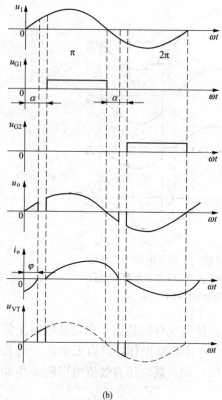

图 4-8　感性负载单相交流调压电路及波形

(a) 电路图；(b) 工作波形

图中，u_{G1}、u_{G2} 为晶闸管 VT1、VT2 的宽触发脉冲波形。电感性负载是交流调压器最一般的负载，其工作情况与可控整流电路带电感负载相似，当电源电压反向过零时，负载电感产生感应电动势阻止电流的变化，故电流不能立即为零。晶闸管的导通角 θ 的大小与控制角 α、负载阻抗角 φ 都有关。两只晶闸管门极的起始控制点分别定在电源电压每个半周的起始点。

在电源电压 u_i 的正半周内，晶闸管 VT1 承受正向电压，当 $\omega t = \alpha$ 时，触发 VT1 使其导通，则负载上得到缺 α 角的正弦半波电压，由于是感性负载，因此负载电流 i_o 的变化滞后电压的变化，电流 i_o 不能突变，只能从零逐渐增大。当电源电压过零时，电流 i_o 则会滞后于电源电压一定的相角减小到零，VT1 才能关断，所以在电源电压过零点后 VT1 继续导通一段时间，输出电压出现负值，此时晶闸管的导通角 θ 大于相同控制角情况下的电阻性负载的导通角，晶闸管的导通角 $\theta > \pi - \alpha$。

在电源电压 u_i 的负半周，VT2 晶闸管承受正向电压，当 $\omega t = \pi + \alpha$ 时，触发 VT2 使其导通，则负载上又得到缺 α 角的正弦负半波电压。由于负载电感产生感应电动势阻止电流的变化，因而电流 i_o 只能反方向从零开始逐渐增大。当电源电压过零时，电流 i_o 则会滞后于电源电压一定的相角减小到 0，VT2 才能关断，所以在电源电压过零点后 VT2 继续导通一段时间，输出电压出现正值。由图 4-8 (b) 可知，负载电流 i_o 不连续。

(2) 讨论。下面分别就 $\alpha > \varphi$、$\alpha = \varphi$、$\alpha < \varphi$ 三种情况来讨论调压电路的工作情况。

1) 当 $\alpha > \varphi$ 时，导通角 $\theta < 180°$，正负半波电流断续。α 越大，θ 越小，波形断续越严重。

2) 当 $\alpha = \varphi$ 时，$\theta = 180°$。此时，每个晶闸管轮流导通 180°，相当于两个晶闸管轮流被短接，负载正负半周电流处于临界连续状态，相当于晶闸管失去控制，输出完整的正弦波，负载上获得最大功率，此时电流波形滞后电压 φ 角，如图 4-9 所示。

3) 当 $\alpha < \varphi$ 时，电源接通后，在电源电压的正半周，如果先触发 VT1，则可判断出它的导通角 $\theta > 180°$。如果触发脉冲为窄脉冲，则当 u_{G2} 出现时，VT1 的电流还未到零，VT2 受反压不能触发导通；待 VT1 中电流变到零关断，VT2 承受正压时，脉冲已消失，无法导通。到了下一周期，VT1 又被触发导通，重复上一周期的工作，结果形成单向半波整流现

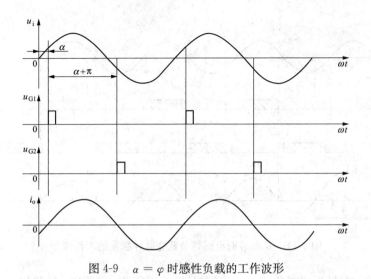

图 4-9　$\alpha = \varphi$ 时感性负载的工作波形

象，如图 4-10 所示。使负载只有正半波，回路中出现很大的直流电流分量，无法维持电路的正常工作。

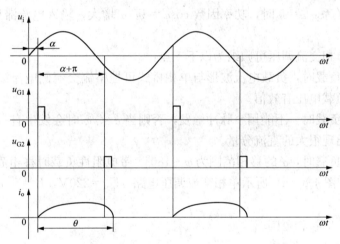

图 4-10　$\alpha < \varphi$ 时感性负载窄脉冲触发时的工作波形

　　解决上述失控现象的办法是：采用宽脉冲或脉冲列触发，以保证 VT1 电流下降到零时，VT2 的触发脉冲信号还未消失，VT2 可在 VT1 电流为零关断后接着导通。但 VT2 的初始触发控制角 $\alpha + \theta - \pi > \varphi$，即 VT2 的导通角 $\theta < 180°$。从第二周期开始，由于 VT2 的关断时刻向后移，因此 VT1 的导通角逐渐减小，VT2 的导通角逐渐增大，虽然在刚开始触发晶闸管的几个周期内，两管的电流波形是不对称的，但当负载电流中的自由分量（i_o 由正弦稳态分量和指数衰减分量两个分量组成）衰减后，负载电流即能得到完全对称连续的波形，这时两个晶闸管的导通角 $\theta = 180°$，达到平衡。电流滞后电源电压 φ 角，如图 4-11 所示。

　　根据以上分析，当 $\alpha \leqslant \varphi$ 并采用宽脉冲触发时，负载电压、电流总是完整的正弦波，改变控制角 α，负载电压、电流的有效值不变，即电路失去交流调压作用。在感性负载时，要实现

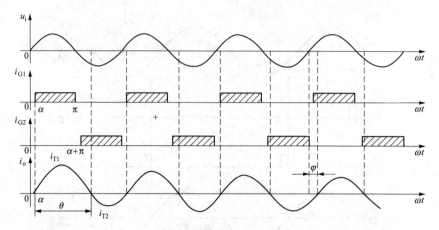

图 4-11 $\alpha < \varphi$ 时电感性负载宽脉冲触发的工作波形

交流调压的目的，则最小控制角 $\alpha = \varphi$（负载的功率因数角），所以 α 的移相范围为 $\varphi \leqslant \alpha \leqslant \pi$。

输出电压与 α 的关系：移相范围为 $\varphi \leqslant \alpha \leqslant \pi$。 $\alpha = 0$ 时，输出电压为最大，$U_o = U_i$。随 α 的增大，U_o 降低，$\alpha = \pi$ 时，$U_o = 0$。

$\cos\varphi$ 与 α 的关系：$\alpha = 0$ 时，功率因数 $\cos\varphi = 1$，α 增大，输入电流滞后于电压且畸变，$\cos\varphi$ 降低。

综上所述，单相交流调压可归纳为以下三点：

1）带电阻性负载时，负载电流波形与单相桥式可控整流交流侧电流波形一致，改变控制角 α 可以改变负载电压有效值。

2）带电感性负载时，不能用窄脉冲触发，否则当 $\alpha < \varphi$ 时会发生有一个晶闸管无法导通的现象，电流出现很大的直流分量。

3）带电感性负载时，α 的移相范围为 $\varphi \sim 180°$，带电阻性负载时移相范围为 $0° \sim 180°$。

【例 4-1】 如图 4-8（a）所示单相交流调压电路，$U_o = 220\text{V}$，$L = 5.516\text{mH}$，$R = 1\Omega$，试求：

（1）控制角 α 的移相范围。

（2）负载电流最大有效值。

（3）最大输出功率和功率因数。

解：（1）单相交流调压电感性负载时，控制角 α 的移相范围是 $\varphi \sim 180°$。

$$\varphi = \arctan\frac{\omega L}{R} = \arctan\frac{2\pi \times 50 \times 5.516 \times 10^{-3}}{1} = \arctan\frac{1.732}{1} = 60°$$

所以，控制角 α 的移相范围是 $60° \sim 180°$。

（2）因 $\alpha = \varphi$ 时，电流为连续状态，此时负载电流 I 最大，为

$$I = \frac{U_o}{Z} = \frac{U_o}{\sqrt{R^2 + (\omega L)^2}} = \frac{220}{\sqrt{1 + 1.732^2}} = 110(\text{A})$$

（3）最大功率为

$$P = U_o I \cos\varphi = U_o I \cos\alpha = 220 \times 110 \times \cos60° = 12.1(\text{kW})$$

功率因数为

$$\cos\varphi = \cos\alpha = \cos60° = 0.5$$

专题 4.3　三相交流调压电路

单相交流调压器的主电路和控制电路都比较简单，因此成本低，但是只适用于单相负载和中、小容量的应用场所。如果单相负载容量过大，就会造成三相不平衡，影响电网供电质量，因而容量较大的负载大部分为三相负载，要适应三相负载的要求就需用三相交流调压。三相交流调压电路是对三相交流电的电压进行调节的电路。

图 4-12 所示是三相交流调压电路图。用晶闸管或其他功率开关元件组成的双向开关接至三相交流电源和三相负载之间，当开关导通时，电源电压通过开关加到负载上；当开关阻断时，电源电压被开关所隔离，负载上电压为零，通过控制双向开关的通断，控制输出的三相交流电压。负载的连接方式可分为星形有中性线、星形无中性线和三角形等连接方式，其中，以无中性线的星形连接和三角形连接较为常用。

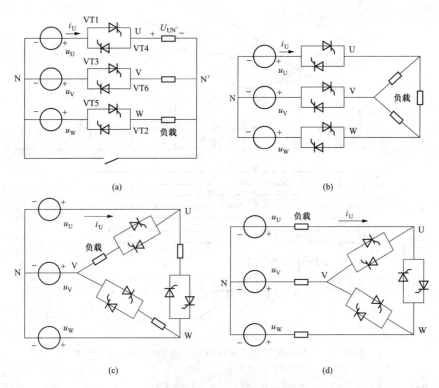

(a)　(b)

(c)　(d)

图 4-12　三相交流调压电路

（a）带中性线的三相全波星形连接调压电路；（b）不带中性线的三相全波负载三角形连接调压电路；
（c）晶闸管与负载接成内三角形的调压电路；（d）三相晶闸管三角形连接调压电路

下面以常用的不带中性线的三相全波相位控制的星形连接调压电路，即三相三线制调压电路为例，介绍三相交流调压电路。

1. 电路结构

如图 4-13 所示为负载星形连接时的三相分支双向控制电路，用三对晶闸管反并联或三个双向晶闸管分别串接在每相负载上。

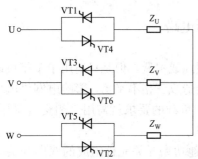

图 4-13　星形连接三相交流调压电路
（三相三线制）

2. 工作过程

（1）电阻负载。由于没有中性线，为了保证电路的正常工作，在三相电路中，至少有一相正向晶闸管导通与另一相反向晶闸管导通，所以应采用双脉冲或宽脉冲触发。三相的触发脉冲相角依次相差 $2\pi/3$，同一相的两个反并联晶闸管触发脉冲相角相差 π。

1）$0°\leqslant\alpha\leqslant60°$ 时，三管导通与两管导通交替，每管导通角为 $180°-\alpha$。

$\alpha=30°$ 时的波形如图 4-14 所示，各相电压过零 30° 后触发相应晶闸管。以 U 相为例，u_U 过零变正 30° 后发出 VT1 的触发脉冲 u_{G1}，u_U 过零变负 30° 后发出 VT4 的触发脉冲 u_{G2}。

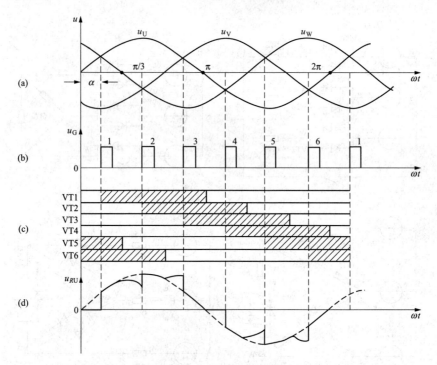

图 4-14　三相全波星形无中性线调压电路 $\alpha=30°$ 时的波形

$\omega t=0$ 时，u_U 变正，VT4 关断，但 VT1 无触发脉冲，继续截止，VT5、VT6 继续导通。U 相负载电压 $u_{RU}=0$。

$\omega t=\pi/6$ 时，触发 VT1 导通，VT5、VT6 继续导通，三相均有电流，这时 U 相负载电压 $u_{RU}=u_U$。

$\omega t=\pi/3$ 时，$u_W=0$，VT5 关断；VT2 无触发脉冲，继续截止，VT1、VT6 继续导通，这时 U 相负载电压 $u_{RU}=u_{UV}/2$。

$\omega t = \pi/2$ 时，触发 VT2 导通，VT1、VT6 继续导通，这时 U 相负载电压 $u_{RU} = u_U$。

$\omega t = 2\pi/3$ 时，$u_V = 0$，VT6 关断；VT1、VT2 继续导通，这时 U 相负载电压 $u_{RU} = u_{UW}/2$。

$\omega t = 5\pi/6$ 时，触发 VT3 导通，VT1、VT2 继续导通，这时 U 相负载电压 $u_{RU} = u_U$。
负半周 U 相负载电压可按相同的方式分析。

归纳 $\alpha = 30°$ 时的导通特点为：每管持续导通 150°；有的区间由两个晶闸管同时导通构成两相流通回路，有的区间三个晶闸管同时导通构成三相流通回路。如图 4-14（d）所示为 $\alpha = 30°$ 时 U 相负载电压波形。

2）用同样的分析方法可以得到当 $\alpha = \pi/3$、$2\pi/3$ 时 U 相负载电压波形。

（2）电感性负载。三相交流调压电路在电感性负载下的情况要比单相电路复杂得多，很难用数学表达式进行描述。从实验可知，当三相交流调压电路带电感性负载时，同样要求触发脉冲为宽脉冲，而脉冲移相范围为 $0° \leqslant \alpha \leqslant 150°$。随着 α 增大，输出电压减小。

专题 4.4　交流过零调功电路

晶闸管交流过零调功电路是一种采用过零触发，用调节晶闸管周波数的方式来控制输出功率的交流控制器，简称调功器。

过零触发与前面的可控整流电路以及交流调压电路中所介绍的移相触发相比，是完全不同的另一种触发方式。前面所讨论的晶闸管移相触发通过改变触发脉冲的相位来控制晶闸管的导通时刻，从而使负载得到所需的电压。这种控制方式的优点是输出电压和电流可连续平滑调节，但也存在明显缺点。这种触发方式使电路中出现缺角的正弦波形，包含着高次谐波。在电路接电阻负载时，以某控制角 α 触发，使晶闸管以微秒级的速度由关断转入导通时，电流变化率很大。即使电路中的电感量很小，也会产生较高的反电动势，造成电源波形畸变和高频辐射，直接影响接在同一电网上的其他用电设备，特别是精密仪表、通信设备等的正常运行。因此，移相触发控制的晶闸管装置在实用中受到一定的限制。在要求较高的地方，采用移相触发装置就必须采用滤波和防干扰措施。

晶闸管过零触发则不同，晶闸管作为开关元件接在交流电源与负载之间，在电源过零的瞬间使晶闸管触发导通，仅当电流接近零时才关断，从而使负载能够得到完整的正弦波电压和电流。在设定周期内将电路接通若干周波，然后再断开相应的周波，通过改变晶闸管在设定周期内通断时间比例，即可达到调节负载两端电压的目的。

1. 调功器的工作原理

图 4-15 为过零触发单相交流调功和三相交流调功电路。交流电源电压 u 以及 VT1 和 VT2 的触发脉冲 u_{G1}、u_{G2} 的波形分别如图 4-16 所示。由于各晶闸管都是在电压 u 过零时加触发脉冲的，因此就有电压 u_o 输出。如果不触发 VT1 和 VT2，则输出电压 $u_o = 0$。由于是电阻性负载，因此当交流电源电压过零时，原来导通的晶闸管因其电流下降到维持电流以下而自行关断，这样使负载得到完整的正弦波电压和电流。由于晶闸管是在电源电压过零的瞬时被触发导通的，这就可以大大减小瞬态负载浪涌电流和触发导通时的电流变化率 $\mathrm{d}i/\mathrm{d}t$，从而使晶闸管由于 $\mathrm{d}i/\mathrm{d}t$ 过大而失效或换相失败的几率大大减少。

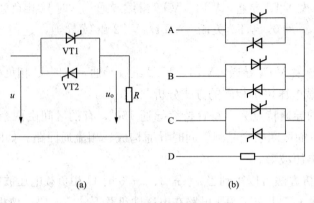

(a)　　　　　　　　　　　　　　(b)

图 4-15　过零触发交流调功器

（a）单相交流调功器；（b）三相交流调功器

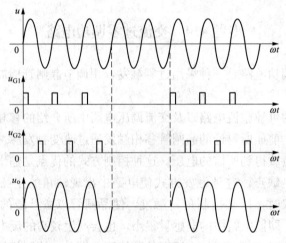

图 4-16　单相交流过零触发电路的工作波形

如设定运行周期 T_c 内的周波数为 n，每个周波的频率为 $50\,\mathrm{Hz}$，周期为 $T(20\,\mathrm{ms})$，则调功器的输出功率 P_2 为

$$P_2 = \frac{nT}{T_c} P_N = k_z P_N \, (\mathrm{kW}) \qquad (4-1)$$

$$P_N = U_{2N} I_{2N} \times 10^{-3} \, (\mathrm{kW}) \qquad (4-2)$$

式中：T 为电源的周期，ms；n 为调功器运行周期内的导通周波数；P_N 为额定输出功率（晶闸管在每个周波都导通时的输出容量）；U_{2N} 为每相的额定电压，V；I_{2N} 为每相的额定电流，A；k_z 为导通比，$k_z = \dfrac{nT}{T_c} = \dfrac{n}{T_c f}$，$f$ 为电源的频率。

T_c 应大于电源电压一个周波的时间且远远小于负载的热时间常数，一般取 1s 左右就可满足工业要求。

由输出功率 P_2 的计算式（4-1）和式（4-2）可见，控制调功电路的导通比就可实现对被调对象（如电阻炉）输出功率的调节控制。

2. 调功电路实例

图 4-17 所示为调功电路实例，该电路由两只晶闸管反并联组成交流开关，是一个包括控制电路在内的单相过零调功电路。由图 4-17 可见，负载是电炉，而过零触发电路由锯齿波发生器、信号综合、直流开关、过零脉冲触发与同步电压五个环节组成。该电路的工作原理简述如下。

（1）锯齿波是由单结晶体管 VT、R_1、R_2、R_3、R_{P1} 和 C_1 组成的张弛振荡器产生的，然后经射极跟随器（VT1、R_4）输出。

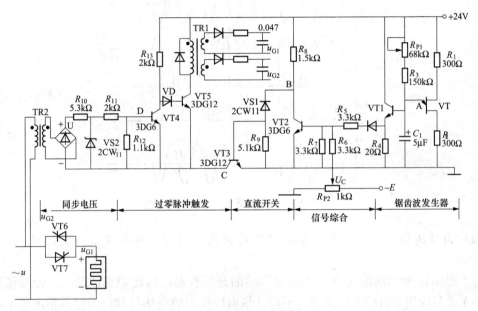

图 4-17　调功电路实例

（2）控制电压 U_c 与锯齿波电压进行电流叠加后送到 VT2 的基极，合成电压为 U_s。当 $U_s > 0.7\text{V}$ 时，VT2 导通；$U_s < 0.7\text{V}$ 时，VT2 截止。

（3）由 VT2、VT3 以及 R_8、R_9、VS1 组成一个直流开关，当 VT2 的基极电压 $U_{BE2} > 0.7\text{V}$ 时，VT2 导通，VT3 的基极电压 U_{BE3} 接近零电位，VT3 截止，直流开关阻断。当 $U_{BE2} < 0.7\text{V}$ 时，VT2 截止，由 R_8、R_9、VS1 组成的分压电路使 VT3 导通，直流开关导通。

（4）由同步变压器 TR2、整流桥 U 及 R_{10}、R_{11}、VS2 组成一个削波同步电源，这个电源与直流开关的输出电压共同去控制 VT4 与 VT5。只有在直流开关导通期间，VT4、VT5 集电极和发射极之间才有工作电压，两个管子才能工作。在此期间，同步电压每次过零时，VT4 截止，其集电极输出一个正电压，使 VT5 由截止转导通，经脉冲变压器输出触发脉冲，而此脉冲使晶闸管 VT6（VT7）在需要导通的时刻导通。

该电路中主要各点的波形如图 4-18 所示。

在直流开关（VT3）导通期间输出连续的正弦波，控制电压 U_c 的大小决定了直流开关导通时间的长短，也就决定了在设定周期内电路输出的周波数，从而实现对输出功率的调节。显然，控制电压 U_c 越大，导通的周波数越多，输出的功率就越大，电阻

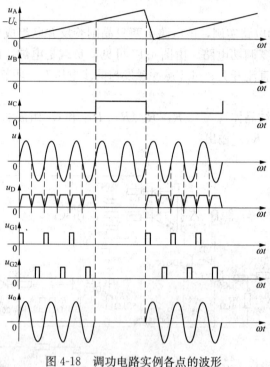

图 4-18　调功电路实例各点的波形

炉的温度也就越高；反之，电阻炉的温度就越低。利用这种系统就可实现对电阻炉炉温的控制。

由于图 4-17 所示的稳定调节系统是手动的开环控制，因此炉温波动大，控温精度低。故这种系统只能用于对控温精度要求不高且热惯性较大的电热负载。当控温精度要求较高、较严格时，必须采用闭环控制的自动调节装置。

专题 4.5　双向晶闸管触发电路

1. 氖管触发电路

图 4-19 所示为氖管触发电路。接通电源后，电容 C 充电，当电容 C 两端电压的峰值达到氖管 HL 的阻断电压时，HL 亮，双向晶闸管 VT 被触发导通。改变电位器 R_P 的大小，即改变了 C 的充电时间常数，使 VT 的导通角发生变化。反方向与此类似。

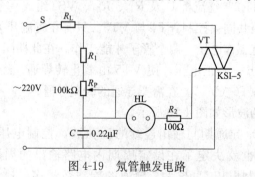

图 4-19　氖管触发电路

2. 双向二极管触发电路

图 4-20 所示为双向二极管触发电路。触发电路由两节 RC 移相网络和双向二极管 VT2 组成。当电源电压 u 为上正下负时，电源对 C_1 充电，C_1 上的电压为上正下负，当电容 C_1 上的电压达到双向二极管 VT2 的正向转折电压时，VT2 导通，给 VT1 控制极一个正向触发脉冲 u_G，VT1 导通。u 为反向极性时与此类似。

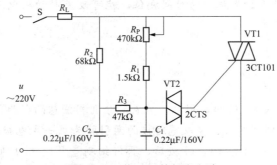

图 4-20　双向二极管触发电路

3. 单结晶体管触发电路

图 4-21 所示为单结晶体管触发电路。读者可结合第 1 模块的内容，自行分析该电路的工作原理。

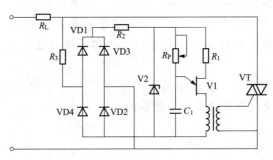

图 4-21　单结晶体管触发电路

项目 4　　电风扇无级调速器的设计与实现

4.1　项目引入

电风扇无级调速器是利用晶闸管构成交流调压电路，调节电风扇电动机电压，从而改变电风扇的转速。其外形如图 4-22 所示。其经济实惠，调整方便的特点受到用户的欢迎。

4.2　项目内容

通过设计电风扇无级调速器电路，充分了解和掌握交流调压电路所用电力电子器件—双向晶闸管的特性，并进

图 4-22　电风扇无级调速器

行焊接和调试。

4.3　项目分析

电风扇电动机属于小功率的电感负载，用单相交流调压电路即可。选择合适的触发电路给双向晶闸管提供可控的触发脉冲。晶闸管根据触发脉冲产生的时刻（即触发延迟角 α 的大小），实现可控导通，改变触发脉冲的时间相位，就可改变电动机电源电压的大小，从而调节电动机的转速。

4.4　项目实施

1. 双向晶闸管的测试

将万用表旋钮拨至 $R \times 1\Omega$ 挡，用红、黑表笔分别测任意两引脚间正反向电阻，若测得一组结果为数十欧姆，则该组红、黑表笔所接的两引脚为第一主电极 T1 和控制极 G，另一空脚即为第二主电极 T2。确定 T1、G 极后，再仔细测量 T1、G 极间正反向电阻，读数相对较小的那次测量的黑表笔所接的引脚为第一主电极 T1，红表笔所接的引脚即为控制极 G。将黑表笔接已确定的第二主电极 T2，红表笔接第一主电极 T1，此时万用表指针不发生偏转，阻值为无穷大。再用短接线将 T2、G 极瞬间短接，给 G 极加上正向触发电压，T2、T1 间阻值约为 10Ω。随后断开 T2、G 间短接线，万用表读数应保持在 10Ω 左右。互换红、黑表笔接线，同样万用表指针应不发生偏转，阻值为无穷大。用短接线将 T2、G 极间再次瞬间短接，给 G 极加上负向触发电压，T1、T2 间阻值也是 10Ω 左右。随后断开 T2、G 间短接线，万用表读数应保持在 10Ω 左右。符合以上规律，说明被测双向晶闸管未损坏且三个引脚极性判断正确。

2. 电风扇无级调速器设计、安装与调试

（1）设计。电风扇无级调速器工作原理如图 4-23 所示。

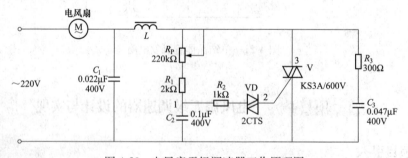

图 4-23　电风扇无级调速器工作原理图

（2）安装与调试。

1）元器件检测。按图 4-23 核对元器件的数量、型号和规格，用万用表对元器件逐一进行检测。

2）电路板的焊接。按焊接技术要求进行元器件的安装与焊接。元器件装配完毕后，整理元器件的排列，不得有相碰或歪斜现象；并检查安装和焊接质量，为下道工序通电检查做好准备。

3）调试。安装完毕的电路经检查确认无误后，接通电源进行调试。先给控制电路接通电源，控制电路调试无误后，再给主电路接通电源。

控制电路的调试步骤是：将 R_P 调到较大数值，再给控制电路接上电源，用示波器观测图 4-23 中 1、2、3 点的波形，并读取该点电压数值。调整 R_P 的大小，观测有无变化，并对测试结果进行分析。

确保控制电路工作正常后，将 R_P 调到较大数值，可以接通电风扇主电路，观测电风扇的转速，改变 R_P 的大小，观测转速的改变。

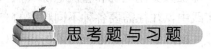

思考题与习题

4.1 交流调压电路的特点有哪些？

4.2 单相交流调压电路的失控原因和现象是什么？

4.3 交流调压电路和交流调功电路有什么异同点？

4.4 一单相交流调压器，电源为工频 220V，阻感串联作为负载，其中 $R=0.5\Omega$，$L=$ 2mH。试求：

（1）控制角变化范围；

（2）负载电流的最大有效值；

（3）最大输出功率及此时电源侧的功率因数。

4.5 采用两晶闸管反并联的交流调功电路，输入电压 $u_i=220V$，负载电阻 $R=5\Omega$。晶闸管导通 20 个周期，关断 40 个周期。试求：

（1）输出电压有效值 u_o；

（2）负载功率 P_o；

（3）输入功率因数。

模块5　变频电路与变频器

目前常用的电源有两种，即工频交流电源和直流电源（$f=0\,\mathrm{Hz}$），这两种电源的频率都固定不变。但在实际的生产实践中，往往需要各种不同频率的交流电源，如广泛用于金属熔炼、感应加热的中频电源装置，能产生频率、电压可调的用于对三相笼型异步电动机和同步电动机进行调速的变频调速装置，可将蓄电池的直流电变换为 $50\,\mathrm{Hz}$ 交流电的不停电电源等。本模块所讨论的变频电路可利用晶闸管或者其他电力电子器件，将工频交流电源或直流电变换成各种所需频率的交流电提供给负载，有时称这种电路为无源逆变电路。

变频电路种类繁多，依据变频的过程可分为两大类：一类为交—交变频，它将 $50\,\mathrm{Hz}$ 的工频交流电直接变换成其他频率的交流电，一般输出频率均小于工频频率，这是一种直接变频的方式；另一类为交—直—交变频，它将 $50\,\mathrm{Hz}$ 的交流电先经整流变换为直流电，再由直流电变换为所需频率的交流电，这是一种间接变频的方式。上述两大变频电路还可细分为多种形式，以下结合实际电路进行介绍。

变频电路的结构框图，如图 5-1 所示。

图 5-1　变频电路的结构框图

本模块结合变频器的使用，讨论变频电路的工作过程。

专题 5.1　变频电路的基本工作原理

5.1.1　单相输出交—直—交变频电路

图 5-2（a）所示为单相输出交—直—交变频电路。图中，U_D 为通过整流电路将交流电整流而得的直流电源，晶闸管 VT1、VT4 称为正组，VT2、VT3 称为反组。当控制电路使 VT1、VT4 导通，VT2、VT3 关断时，在输出端获得正向电压 $u_\circ$；当控制电路使 VT2、VT3 导通，VT1、VT4 关断时，输出端获得反向电压 $u_\circ$，即交替导通正组、反组的晶闸管，并且改变其导通关断的频率，就可在输出端获得频率不同的方波，其输出电压如图 5-2（b）所示。改变正组和反组的控制角 α 的大小，则可实现对输出电压数值的调节。

这种电路直接将直流电变换为不同频率的交流电，从晶闸管的工作特性可知，晶闸管从关断变为导通是容易实现的，然而，由于电源为直流电，要使已导通的晶闸管重新恢复到关断状态则比较困难。对于变频电路，采用全控型开关器件，如 GTO、GTR、PMOSFET、IGBT 等替代普通晶闸管更为理想。

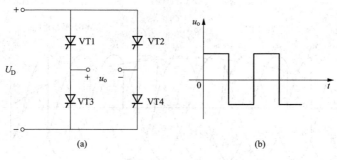

图 5-2　单相输出交—直—交变频电路

（a）电路图；（b）输出电压

5.1.2　单相输出交—交变频电路

单相输出交—交变频电路如图 5-3（a）所示。该电路由具有相同特征的两组晶闸管整流电路反并联构成，将其中一组称为正组整流器，另外一组称为反组整流器。如果正组整流器工作，反组整流器被封锁，则负载端输出电压为上正下负；如果反组整流器工作，正组整流器被封锁，则负载端得到的输出电压为上负下正。这样，只要交替的以低于电源频率切换正、反组整流器的工作状态，即可在负载端获得交变的输出电压。

如果在一个周期内控制角 α 是固定不变的，则输出电压波形为矩形波，如图 5-3（b）所示。矩形波中含有大量的谐波，对电机的工作不利。如果控制角 α 不固定，在正组工作的半个周期内让控制角 α 按正弦规律从 90° 逐渐减小到 0°，然后再由 0° 逐渐增加到 90°，那么正组整流电路的输出电压的平均值就按正弦规律变化。控制角从零增大到最大，然后从最大减小到零，变频电路输出波形如图 5-4 所示（三相交流输入），该图中 A～G 点为触发脉冲的时刻。在反相工作的半个周期内采用同样的控制方法，就可得到接近正弦波的输出电压。

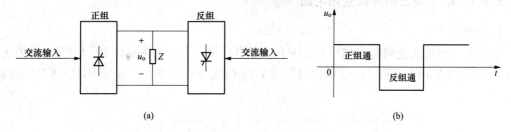

图 5-3　单相输出交—交变频电路及波形图（控制角不变）

（a）电路图；（b）输出电压

同交—直—交变频电路相比，交—交变频电路有以下优缺点。

1. 优点

（1）只有一次变流，且利用电网电源进行换流，不需要另接换流元器件，提高了变流效率。

（2）可以很方便地实现四象限工作。

（3）低频时输出波形接近正弦波。

2. 缺点

（1）接线复杂，使用的晶闸管数目多。

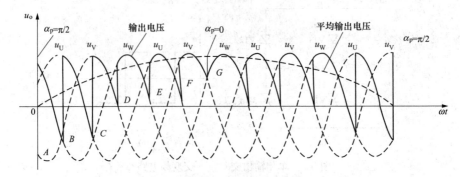

图 5-4 交—交变频电路的输出波形（控制角变化）

（2）受电网频率和交流电路各脉冲数的限制，输出频率低。

（3）采用相控方式，功率因数较低。

由于上述的优缺点，交—交变频电路主要用于功率在 500kW 或 1000kW 以上，转速在 600r/min 以下的大功率、低转速的交流调速装置中，如矿石碎机、水泥球磨机、卷扬机、鼓风机及轧钢机主传动装置中。它既可用于异步电动机传动，也可用于同步电动机传动。而交—直—交变频电路主要用于金属熔炼、感应加热的中频电源装置，可将蓄电池的直流电变换为 50Hz 交流电的不停电电源、变频变压电源（VVVF）和恒频恒压电源等。

专题 5.2 三相桥式变频电路

如果变频电路的负载是三相负载，则需要变频电路输出频率可调的三相电压。这种变频电路多采用三相桥式变频电路。

5.2.1 电压型三相桥式变频电路

1. 电路结构

电压型三相桥式变频电路如图 5-5 所示，图中，用六个大功率晶体管（GTR）作为可控元件，VT1 与 VT4、VT3 与 VT6、VT5 与 VT2 构成三对桥臂，二极管 VD1～VD6 为续流二极管。

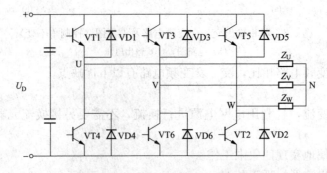

图 5-5 电压型三相桥式变频电路

2. 工作原理

电压型三相桥式变频电路的基本工作方式为 180°导电型，即每个桥臂的导电角度为 180°，同一相上下桥臂交替导电，各相开始导电的时间依次相差 120°。由于每次换流都在同一相上下桥臂之间进行，因此称为纵向换流。在一个周期内，六个管子触发导通的次序为 VT1～VT6，依次相隔 60°，任意时刻均有三个管子同时导通，导通的组合顺序为 VT1、VT2、VT3，VT2、VT3、VT4，VT3、VT4、VT5，VT4、VT5、VT6，VT5、VT6、VT1 和 VT6、VT1、VT2，每种组合工作 60°电角度。

下面分析各相负载相电压和线电压波形。设负载为星形连接，三相负载对称，中性点为 N。图 5-6 所示为电压型三相桥式变频电路的工作波形。

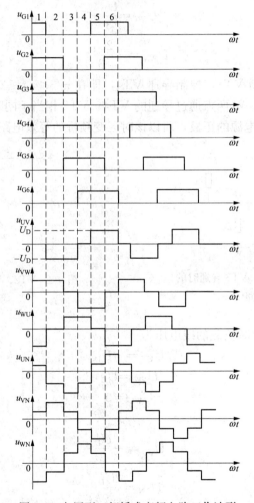

图 5-6　电压型三相桥式变频电路工作波形

为了分析方便，将一个工作周期分成六个区域。

在 $0 < \omega t \leqslant \pi/3$ 区域，给电力晶体管 VT1、VT2、VT3 加有控制脉冲，即 $u_{G1} > 0$，$u_{G2} > 0$，$u_{G3} > 0$，使 VT1、VT2、VT3 同时导通，此时 U、V 两点通过导通的 VT1、VT3，相当于同时接在电源的正极，而 W 点通过导通的 VT2 接于电源的负极，所以该时区变频桥的等效电路如图 5-7 所示。

由此等效电路可得此时负载的线电压为

$$U_{UV} = 0$$
$$U_{VW} = U_D$$
$$U_{WU} = -U_D$$

式中：U_D 为变频电路输入的直流电压。

负载的相电压为

$$U_{UN} = \frac{U_D}{3}$$

$$U_{VN} = \frac{U_D}{3}$$

$$U_{WN} = -\frac{2U_D}{3}$$

在 $\omega t = \pi/3$ 时，关断 VT1，控制导通 VT4，即在 $\pi/3 < \omega t \leqslant 2\pi/3$ 区域有 VT2、VT3、VT4 同时导通，此时 U、W 两点通过导通的 VT4、VT2 相当于同时接在电源的负极，而 V 点通过导通的 VT3 接于电源的正极，所以该时区变频桥的等效电路如图 5-8 所示。

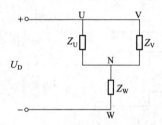

图 5-7　VT1、VT2、VT3 导通时的
等效电路

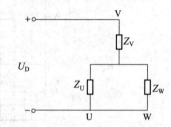

图 5-8　VT2、VT3、VT4 导通时的
等效电路

由此等效电路可得此时负载的线电压为

$$U_{UV} = -U_D$$
$$U_{VW} = U_D$$
$$U_{WU} = 0$$

负载的相电压为

$$U_{UN} = -\frac{U_D}{3}$$

$$U_{VN} = \frac{2U_D}{3}$$

$$U_{WN} = -\frac{U_D}{3}$$

根据同样的思路可得其余四个时区的相电压和线电压的值，见表 5-1。

从图 5-6 可以看出，负载线电压为 120°正、负对称的矩形波，相电压为 180°正、负对称的阶梯波。三相负载电压相位相差 120°。由于每个控制脉冲的宽度为 180°，因此每个开关元件的导通宽度也为 180°。如果改变控制电路中一个工作周期 T 的长度，则可改变输出电压的频率。

对于 180°导电型变频电路，由于是纵向换流，存在着同一桥臂上的两个元件一个关断，同时另一元件导通的时刻，例如，在 $\omega t = \pi/3$ 时，要关断 VT1，同时控制导通 VT4，所以，为了防止同相上、下桥臂同时导通而引起直流电源的短路，必须采取先断后通的方法，即上、下桥臂的驱动信号之间必须存在死区，即两个元件同时处于关断状态。

除 180°导电型外，三相桥式变频电路还有 120°导电型的控制方式，即每个桥臂导通 120°，同一相上、下两臂的导通有 60°的间隔，各相导通依次相差 120°。120°导电型不存在上、下开关元件同时导通的问题，但当直流电压一定时，其输出交流线电压有效值比 180°导电型低得多，直流电源电压利用率低。因此，一般电压型三相变频电路都采用 180°导电型控制方式。

表 5-1　　　　　　　　　　三相变频桥工作状态表

ωt	$0 \sim \dfrac{1}{3}\pi$	$\dfrac{1}{3}\pi \sim \dfrac{2}{3}\pi$	$\dfrac{2}{3}\pi \sim \pi$	$\pi \sim \dfrac{4}{3}\pi$	$\dfrac{4}{3}\pi \sim \dfrac{5}{3}\pi$	$\dfrac{5}{3}\pi \sim 2\pi$
导通开关	VT1、VT2、VT3	VT2、VT3、VT4	VT3、VT4、VT5	VT4、VT5、VT6	VT5、VT6、VT1	VT6、VT1、VT2
负载等效电路						
输出相电压　U_{UN}	$\dfrac{1}{3}U_D$	$-\dfrac{1}{3}U_D$	$-\dfrac{2}{3}U_D$	$-\dfrac{1}{3}U_D$	$\dfrac{1}{3}U_D$	$\dfrac{2}{3}U_D$
U_{VN}	$\dfrac{1}{3}U_D$	$\dfrac{2}{3}U_D$	$\dfrac{1}{3}U_D$	$-\dfrac{1}{3}U_D$	$-\dfrac{2}{3}U_D$	$-\dfrac{1}{3}U_D$
U_{WN}	$-\dfrac{2}{3}U_D$	$-\dfrac{1}{3}U_D$	$\dfrac{1}{3}U_D$	$\dfrac{2}{3}U_D$	$\dfrac{1}{3}U_D$	$-\dfrac{1}{3}U_D$
输出线电压　U_{UV}	0	$-U_D$	$-U_D$	0	U_D	U_D
U_{VW}	U_D	U_D	0	$-U_D$	$-U_D$	0
U_{WU}	$-U_D$	0	U_D	U_D	0	$-U_D$

改变变频桥晶闸管的触发频率或者触发顺序（VT6～VT1），能改变输出电压的频率及相序，从而可以实现电动机的变频调速与正反转。

5.2.2　电流型三相桥式变频电路

图 5-9 所示为电流型三相桥式变频电路原理图。变频桥采用 IGBT 即绝缘栅双极型晶体

管作为可控开关元件。

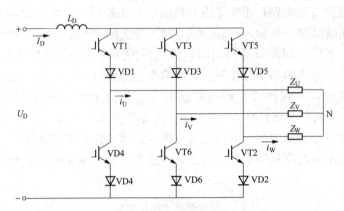

图 5-9　电流型三相桥式变频电路

电流型三相桥式变频电路的基本工作方式是 120° 导电方式，每个可控元件均导通 120°，与三相桥式整流电路相似，任意瞬间只有两个桥臂导通。IGBT 的导通顺序为 VT1～VT6，依次相隔 60°，每个桥臂导通 120°，这样，每个时刻上桥臂组和下桥臂组中都各有一个臂导通。换流时，在上桥臂组或下桥臂组内依次换流，称为横向换流，所以即使出现换流失败，即出现上桥臂（或下桥臂）两个 IGBT 同时导通的时刻，也不会发生直流电源短路的现象，上、下桥臂的驱动信号之间不必存在死区。

下面分析各相负载电流的波形。设负载为星形连接，三相负载对称，中性点为 N。图 5-10 所示为电流型三相桥式变频电路的输出电流波形，为了分析方便，将一个工作周期分为六个区域，每个区域的电角度为 $\pi/3$。

（1）$0 < \omega t \leqslant \pi/3$，此时导通开关元件 VT1、VT6。电源电流通过 VT1、Z_U、Z_V、VT6 构成闭合回路。负载上分别有电流 i_U、i_V 流过，由于电路的直流侧串入了大电感 L_D，使负载电流波形基本无脉动，因此电流 i_U、i_V 为方波输出，其中，i_U 与图 5-9 所示的参考方向一致为正，i_V 与图 5-9 所示方向相反为负，负载电流 $i_W = 0$。在 $\omega t = \pi/3$ 时，驱动控制电路使 VT6 关断，VT2 导通，进入下一个时区。

（2）$\pi/3 < \omega t \leqslant 2\pi/3$，此时导通的开关元件为 VT1、VT2。电源电流通过 VT1、Z_U、Z_W、VT2 构成闭合回路。形成负载电流 i_U、i_W 为方波输出，其中，i_U 与图 5-9 所示的参考方向一致为正，i_W 与图 5-9 所示方向相反为负，负载电流 $i_V = 0$。在 $\omega t = 2\pi/3$ 时，驱动控制电路使 VT1 关断，VT3 导通，进入下一个时区。

（3）$\pi/3 < \omega t \leqslant 2\pi/3$，此时导通的开关元件为 VT2、VT3。电源电流通过 VT3、Z_V、Z_W、VT2 构成闭合回路。形成负载电流 i_V、i_W 为方波输出，其中，i_V 与图 5-9 所示的参考方向一致为正，i_W 与图 5-9 所示方向相反为负，负载电流 $i_U = 0$。在 $\omega t = \pi$ 时，驱动控制电路使 VT2 关断，VT4 导通，进入下一个时区。

用同样的原理可以分析出 $\pi \sim 2\pi$ 时负载电流的波形。

由图 5-10 可以看出，每个 IGBT 导通的电角度均为 120°，任一时刻只有两相负载上有电流流过，总有一相负载上的电流为 0，所以每相负载电流波形是断续、正负对称的方波，因此电流谐波中只有奇次谐波，没有偶次谐波。以三次谐波所占比重最大。由于三相负载没有接中性线，故无三次谐波电流流过电源，减少了谐波对电源的影响。由于没有偶次谐波，如果三相负载是交流电动机，则对电动机的转矩也无影响。

电流型三相桥式变频电路的输出电流波形与负载性质无关，输出电压波形由负载的性质决定。如果是感性负载，则负载电压的波形超前电流的变化，近似成三角波或正弦波。

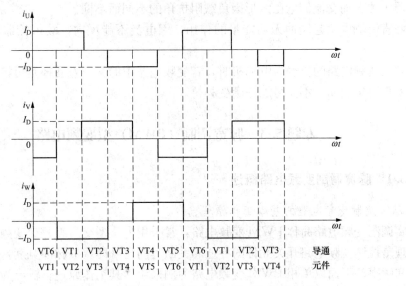

图 5-10　电流型三相桥式变频电路工作波形

同样，如果改变控制电路中一个工作周期 T 的长度，则可改变输出电流的频率。

IGBT 具有开关特性好和开关速度快等特性，但它的反向电压承受能力很差，其反向阻断电压 U_{BM} 只有几十伏。为了避免它们在电路中承受过高的反向电压，图中，每个 IGBT 的发射极都串有二极管，即 VD1～VD6。它们的作用是当 IGBT 承受反向电压时，由于所串二极管同样也承受反向电压，二极管呈反向高阻状态，相当于在 IGBT 的发射极串接了一个大的分压电阻，从而减小了 IGBT 所承受的反向电压。

5.2.3　两种变频电路的特点

1. 电压型三相桥式变频电路的主要特点

（1）直流侧接有大电容，相当于电压源，直流电压基本无脉动，直流回路呈现低阻抗状态。

（2）由于直流电压源的钳位作用，交流侧电压波形为矩形波，与负载阻抗角无关，而交流侧电流波形因负载阻抗角的不同而不同，其波形接近三角波或正弦波。

（3）当交流侧为电感性负载时需提供无功功率，直流侧电容起缓冲无功能量的作用。为了给交流侧向直流侧反馈能量提供通道，各臂都并联了续流二极管。

（4）变频电路从直流侧向交流侧传送的功率是脉动的，因直流电压无脉动，故功率的脉动是由直流电流的脉动来体现的。

（5）当变频电路的负载是电动机时，如果电动机工作在再生制动状态，就必须向交流电源反馈能量。因直流侧电压方向不能改变，只能靠改变直流电流的方向来实现，这就需要给电路再反并联一套变频桥，这将使电路变得复杂。

2. 电流型三相桥式变频电路的主要特点

（1）直流侧接有大电感，相当于电流源，直流电流基本无脉动，直流回路呈现高阻抗状态。

（2）由于各开关器件主要起改变直流电流流通路径的作用，故交流侧电流为矩形波，与负载性质无关，而交流侧电压波形因负载阻抗角的不同而不同。

（3）直流侧电感起缓冲无功能量的作用，因电流不能反向，故可控器件不必反并联二极管。

（4）当变频电路的负载为电动机时，若变频电路中的交—直变换是可控整流时，则可很方便地实现再生制动，不需另加一套变频桥。

专题 5.3 脉宽调制（PWM）型变频电路

5.3.1 脉宽调制变频电路概述

1. 脉宽调制变频电路的基本工作原理

脉宽调制变频电路简称 PWM 变频电路，常采用电压型交—直—交变频电路的形式，其基本原理是控制变频电路开关元件的导通和关断时间比（即调节脉冲宽度）来控制交流电压的大小和频率。下面以单相 PWM 变频电路为例来说明其工作原理。输出为单相电压时的电路称为单相桥式 PWM 变频电路。其电路如图 5-11 所示。该电路由三相桥式整流电路获得一恒定的直流电压，由四个全控型大功率晶体管 VT1～VT4 作为开关元件，二极管 VD1～VD4 是续流二极管，为无功能量反馈到直流电源提供通路。

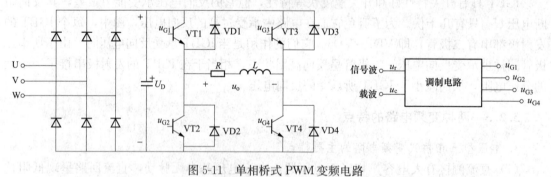

图 5-11 单相桥式 PWM 变频电路

当改变 VT1、VT2、VT3、VT4 导通时间的长短和导通的顺序时，可得出如图 5-12 所示不同的电压波形。图 5-12（a）所示为 180°导通型输出方波电压波形，即 VT1、VT4 组和 VT2、VT3 组各导通 $T/2$ 的时间。

若在正半周内，控制 VT1、VT4 和 VT2、VT3 轮流导通（同理在负半周内控制 VT2、VT3 和 VT1、VT4 轮流导通），则在 VT1、VT4 和 VT2、VT3 分别导通时，负载上获得正、负电压；在 VT1、VT3 和 VT2、VT4 导通时，负载上所得电压为零，如图 5-12（b）所示。

若在正半周内，控制 VT1、VT4 导通和关断多次，每次导通和关断时间分别相等（负半周则控制 VT2、VT3 导通和关断），则负载上得到图 5-12（c）所示的电压波形。

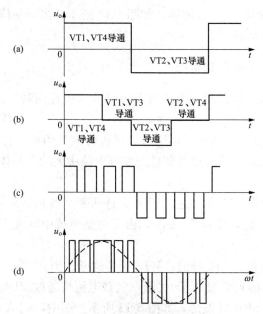

图 5-12 单相桥式 PWM 变频电路的几种输出波形

若将以上这些波形分解成傅里叶级数，可以看出，其中谐波成分均较大。

图 5-12（d）所示的波形是一组脉冲列，其规律是：每个输出矩形波电压下的面积接近于所对应的正弦波电压下的面积。这种波形被称之为脉宽调制波形，即 PWM 波。由于它的脉冲宽度接近于正弦规律变化，故又称之为正弦脉宽调制波形，即 SPWM。

根据采样控制理论，脉冲频率越高，SPWM 波形便越接近于正弦波。变频电路的输出电压为 SPWM 波形时，其低次谐波得到很好的抑制和消除，高次谐波又很容易滤去，从而可获得畸变率极低的正弦波输出电压。

由图 5-12（d）可以看出：在输出波形的正半周，VT1、VT4 导通时有输出电压，VT1、VT3 导通时输出电压为零，因此，改变半个周期内 VT1、VT3、VT4 导通关断的时间比，即脉冲的宽度，即可实现对输出电压幅值的调节（负半周，调节半个周期内 VT2、VT3 和 VT2、VT4 导通关断的时间比）。因为 VT1、VT4 导通时输出正半周电压，VT2、VT3 导通时输出负半周电压，所以可以通过改变 VT1、VT4 和 VT2、VT3 交替导通的时间来实现对输出电压频率的调节。

2. 脉宽调制的控制方式

PWM 控制方式就是对变频电路开关器件的通断进行控制，使主电路输出端得到一系列幅值相等而宽度不相等的脉冲，用这些脉冲来代替正弦波或者其他所需要的波形。从理论上讲，在给出了正弦波频率、幅值和半个周期内的脉冲数后，脉冲波形的宽度和间隔便可以准确计算出来。然后按照计算的结果控制电路中各开关器件的通断，就可以得到所需要的波形。但在实际应用中，人们常采用正弦波与等腰三角波相交的办法来确定各矩形脉冲的宽度和个数。

等腰三角波上下宽度与高度成线性关系且左右对称，当它与任何一个光滑曲线相交时，就可得到一组等幅而脉冲宽度正比该曲线函数值的矩形脉冲，这种方法称为调制方法。希望输出的信号为调制信号，用 u_r 表示；接受调制的三角波称为载波，用 u_c 表示。当调制信号是正弦波时，所得到的便是 SPWM 波形，如图 5-13 所示。当调制信号不是正弦波时，也能得到与调制信号等效的 PWM 波形。

5.3.2　单相桥式 PWM 变频电路

单相桥式 PWM 变频电路的控制方式有单极性和双极性两种。图 5-13 所示为采用单极性控制方式的原理图。

图中，载波信号 u_c 在信号波的正半周时为正极性的三角波，在负半周时为负极性的三角波，调制信号 u_r 和载波 u_c 的交点时刻控制变频电路中大功率晶体管 VT3、VT4 的通断。各晶体管的控制规律如下。

在 u_r 的正半周期，保持 VT1 导通，VT4 交替通断。当 $u_r > u_c$ 时，使 VT4 导通，负载电压 $u_o = U_D$；当 $u_r \leqslant u_c$ 时，使 VT4 关断，由于电感负载中电流不能突变，负载电流将通过 VD3 续流，负载电压 $u_o = 0$。

在 u_r 的负半周期，保持 VT2 导通，VT3 交替通断。当 $u_r < u_c$ 时，使 VT3 导通，负载电压 $u_o = -U_D$；当 $u_r \geqslant u_c$ 时，使 VT3 关断，负载电流将通过 VD4 续流，负载电压 $u_o = 0$。

这样，便得到 u_o 的 SPWM 波形，如图 5-13 所示。图中，u_{of} 表示 u_o 中的基波分量。像这种在 u_r 的半个周期内三角波只在一个方向变化，所得到的 PWM 波形也只在一个方向变化的控制方式称为单极性 PWM 控制方式。

调节调制信号 u_r 的幅值可以使输出调制脉冲宽度作相应变化，这能改变变频电路输出电压的基波幅值，从而实现对输出电压的平滑调节；改变调制信号 u_r 的频率则可以改变输出电压的频率，即可实现电压、频率的同时调节。所以，从调节的角度来看，SPWM 变频电路非常适用于交流变频调速系统中。

与单极性 PWM 控制方式对应，另外一种 PWM 控制方式称为双极性 PWM 控制方式。其频率信号还是三角波，基准信号是正弦波时，它与单极性正弦波脉宽调制的不同之处在于它们的极性随时间不断地正、负变化，如图 5-14 所示。该控制方式不需要如上述单极性调制那样加倒向控制信号。

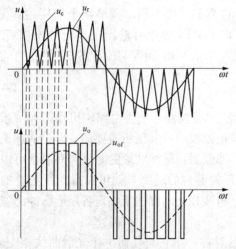

图 5-13　单极性 PWM 变频电路控制方式原理图

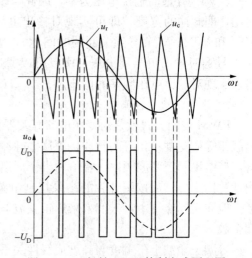

图 5-14　双极性 PWM 控制方式原理图

单相桥式 PWM 变频电路采用双极性控制方式时，各晶体管控制规律如下：

在 u_r 的正负半周内，对各晶体管控制规律与单极性控制方式相同，同样在调制信号 u_r 和载波信号 u_c 的交点时刻控制各开关器件的通断。当 $u_r > u_c$ 时，使晶体管 VT1、VT4 导通，VT2、VT3 关断，此时 $u_o = U_D$；当 $u_r < u_c$ 时，使晶体管 VT2、VT3 导通，VT1、VT4 关断，此时 $u_o = -U_D$。

在双极性控制方式中，三角载波在正、负两个方向变化，所得到的 PWM 波形也在正、负两个方向变化，在 u_r 的一个周期内，PWM 输出只有 $\pm U_D$ 两种电平，变频电路同一相上、下两臂的驱动信号是互补的。在实际应用时，为了防止上、下两个桥臂同时导通而造成短路，给一个臂的开关器件加关断信号，必须延迟 Δt 时间，再给另一个臂的开关器件施加导通信号，即有一段四个晶体管都关断的时间。延迟时间 Δt 的长短取决于功率开关器件的关断时间。需要指出的是：这个延迟时间将会给输出的 PWM 波形带来不利影响，使其输出偏离正弦波。

5.3.3　三相桥式 PWM 变频电路

图 5-15 所示为电压型三相桥式 PWM 变频电路，其控制方式为双极性控制方式。U、V、W 三相的 PWM 控制共用一个三角波信号 u_c，三相调制信号 u_{rU}、u_{rV}、u_{rW} 分别为三相正弦波信号，三相调制信号的幅值和频率均相等，相位依次相差 $120°$。U、V、W 三相的 PWM 控制规律相同。现以 U 相为例，介绍该电路的控制规律，当 $u_{rU} > u_c$ 时，使 VT1 导通，VT4 关断；当 $u_{rU} < u_c$ 时，使 VT1 关断，VT4 导通。VT1、VT4 的驱动信号始终互补。三相正弦波脉宽调制波形如图 5-16 所示，由图可以看出，任何时刻始终都有两相调制信号电压大于载波信号电压，即总有两个晶体管处于导通状态，所以负载上的电压是连续的正弦波。其余两相的控制规律与 U 相相同。

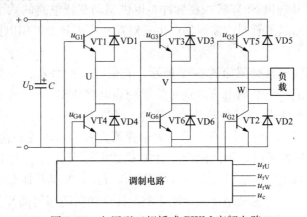

图 5-15　电压型三相桥式 PWM 变频电路

5.3.4　专用大规模集成电路芯片形成 SPWM 波

HEF4752 是全数字化的生成三相 SPWM 波的集成电路。这种芯片既可用于有换流电路的三相晶闸管变频电路，也可用于由全控型开关器件构成的变频电路。对于后者，可输出三相对称的 SPWM 波控制信号，调频范围为 $0 \sim 200\,Hz$。由于它生成的 SPWM 波最大开关频

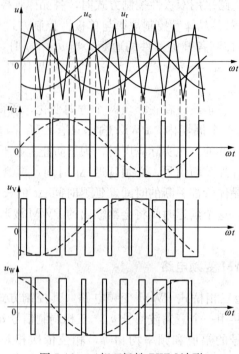

图 5-16　三相双极性 PWM 波形

率比较低，一般在 1kHz 以下，所以较适于以 GTR 或 GTO 为开关器件的变频电路，而不适于 IGBT 变频电路。

HEF4752 采用标准的 28 脚双列直插式封装，芯片用 5V（有的 10V）电源，可提供三组相位互差 120°的互补输出 SPWM 控制脉冲，以供驱动变频电路的六个功率开关器件产生对称的三相输出。当用晶闸管时，需附加产生三对互补换流脉冲，用以控制换流电路中的辅助晶闸管。

它的内部逻辑框图和管脚图如图 5-17 所示。它由三个计数器、一个译码器、三个输出口和一个试验电路组成。三个输出口分别对应于变频电路的 R、Y、B（相当于 U、V、W）三相，每个输出口包括主开关元件输出端（M1、M2）和换流辅助开关元件输出端（C1、C2）两组信号。换流辅助开关信号是为晶闸管逆变器设置的。由控制输入端 I 选择晶体管/晶闸管方式。当 I 置高电平时，为晶闸管工作方式，主输出为占空比 1：3 的触发脉冲串，换流输出为单脉冲；当 I 置低电平时，为晶体管工作方式，驱动晶体管变频电路输出波形是双边缘调制的脉宽调制波。为减小低频谐波影响，在低频时适当提高开关频率与输出频率的比值，即载波比，采用多载波比分段自动切换方式，分为八段，载波比分别为 15、21、30、42、60、84、120、168。这种方式不但调制频率范围宽，而且可与输出电压同步。

变频电路输出由四个时钟输入来进行控制。

（1）频率控制时钟（FCT）。它用来控制变频电路的输出频率，一般用线性压控振荡器提供，计算式为

$$f_{\text{FCT}} = 3360 f_{\text{OUT}} \tag{5-1}$$

式中：f_{OUT} 为变频电路输出频率，Hz。

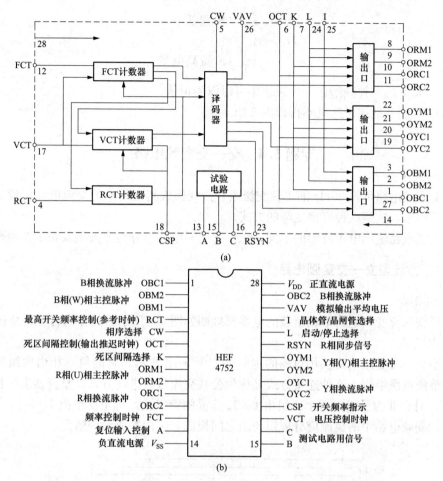

图 5-17　HEF4752 内部逻辑框图与管脚图

(a) 内部逻辑框图；(b) 管脚图

（2）电压控制时钟（VCT）。它用以控制变频电路的基波电压，即脉冲宽度，计算式为

$$f_{VCT(NOM)} = 6720 f_{OUT} \tag{5-2}$$

式中，$f_{VCT(NOM)}$ 是 f_{VCT} 的标称值，当取为此值时，输出电压和输出频率间将保持线性关系，直到输出频率达到临界值 $f_{OUT(M)}$。$f_{OUT(M)}$ 为 100% 调制时的输出频率，当 $f_{OUT} < f_{OUT(M)}$ 时，经调制后的 PWM 波形有正弦函数关系。

（3）参考时钟（RCT）。它用来设置变频电路最大开关频率，是一个固定不变的时钟，计算式为

$$f_{RCT} = 280 f_{TMAX} \tag{5-3}$$

式中：f_{TMAX} 为变频电路最大开关频率，Hz。

（4）输出推迟时钟（OCT）。为防止同一桥臂中的上、下开关元件在开关转换过程中同时导通而发生电源短路事故，必须设置延迟时间（死区时间）。OCT 与控制输入端 K 一同用于控制功率开关元件的互锁推迟时间 T_D。在已先确定 T_D 值后可按下式确定 f_{OCT}

$$f_{OCT} = \begin{cases} \dfrac{8}{T_D} & (\text{K 置低电平}) \\[3mm] \dfrac{16}{T_D} & (\text{K 置高电平}) \end{cases} \tag{5-4}$$

显然，OCT 的时钟频率在一个系统中可以取为恒值。

HEF4752 的其他端子这里不再详细介绍。

专题 5.4　交—交变频电路

交—交变频电路可将 50Hz 的工频交流电直接变换成其他频率的交流电，一般输出频率均小于工频频率，这是一种直接变频的方式。

根据变频电路输出电压波形的不同，交—交变频电路可分为方波型及正弦波型两种。

5.4.1　方波型交—交变频电路

1. 单相负载

方波形交—交变频电路单相负载的电路原理图如图 5-3 所示，具体内容不再赘述。

2. 三相负载

方波型交—交变频电路三相负载的主电路如图 5-18 所示。它的每一相由两组反并联的三相零式整流电路组成，这种连接方式又称为公共交流母线进线方式。整流器 Ⅰ、Ⅲ、Ⅴ 为正组；Ⅳ、Ⅵ、Ⅱ 为反组。每个正组由 1、3、5 晶闸管组成，每个反组由 4、6、2 晶闸管组成。因此，变频电路中的换流应分成组与组之间换流和组内换流两种情况。

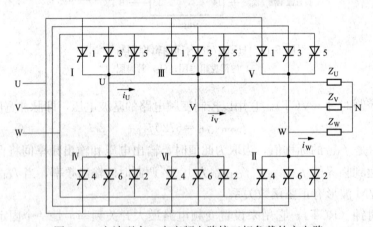

图 5-18　方波型交—交变频电路接三相负载的主电路

组与组之间的换流顺序为 Ⅰ、Ⅱ、Ⅲ、Ⅳ、Ⅴ、Ⅵ、Ⅰ；组内换流的顺序为 1、2、3、4、5、6、1。为了在负载上获得三相互差 $T/3$（T 为输出电压的周期）的电压波形，任何时候都应有一正一负两组同时导通，所以每组导电时间也应为 $T/3$，并每隔 $T/6$ 换组一次。虽然同一时刻应有一个正组和一个反组同时导通，但不允许同一桥臂上的正、反组同时导通。例如，如果 Ⅰ 组和 Ⅳ 同时导通，将会造成电源短路。每组桥内晶闸管按 1、2、3、4、

5、6、1 顺序换流，各组及组内导电顺序如图 5-19 所示。

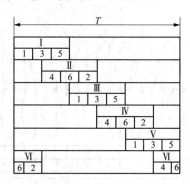

图 5-19　变频电路各组的导电顺序

先根据图 5-19 来分析组与组之间的换流情况。假设在第一个 $T/3$ 的开始时刻，第 I 组开始导通，而第 VI 组已经导通了 $T/6$ 的时间，即此时为第 I 组和第 VI 组同时导通；经过 $T/6$ 后，VI 组已导通了 $T/3$ 的时间，所以开始换流，VI 组关闭，II 组导通，此时，第 I 组和第 II 组同时导通；再经过 $T/6$ 的时间，第 I 组已导通了 $T/3$ 的时间，又进行另一次换流，换为第 III 组，此时，是第 II 组和第 III 组同时导通；以此类推，其他各组的换流情况同上。为了保证任何时刻都有两组同时导通，换流只在导通的两组中的一组进行，一组导通 $T/6$ 后，另一组换流，不可能出现两组同时换流的现象。组与组之间的换流由控制电路中的选组脉冲实现。

再来分析每组桥内晶闸管的换流情况。由于此电路共由 18 个晶闸管组成，任何时候都应有两个晶闸管同时导通，因此在一个周期 T 内，每个晶闸管导通的时间为 $T/9$，同组晶闸管之间的换流与组与组之间的换流情况相似，两个导通的晶闸管中，其中一个导通一半的时间，即 $T/18$ 的时间进行组内换流，所以每隔 $T/18$ 的时间换流一次。现以第 I 组和第 II 组导通时为例来说明组内之间的换流。在 $T/6$ 时刻有 3、4 两个晶闸管导通，经过 $T/18$ 后，第 I 组组内换流，晶闸管 3 关断，晶闸管 5 导通，此时为晶闸管 4、5 导通；再过 $T/18$，晶闸管 4 已导通了 $T/9$ 的时间，第 II 组组内换流，晶闸管 4 关断，晶闸管 6 导通，此时为晶闸管 5、6 导通。其他各组的组内晶闸管的换流方式相同。组内各晶闸管的换流是由控制电路中的移相脉冲来实现的。

在电路中串接滤波电感，就形成电流型变频电路。三相零式整流电路需 18 个晶闸管元件，若采用三相桥式接法，则需要 36 个晶闸管元件。

图 5-20 所示为三相零式连接的交—交变频电路当控制角为 α 时晶闸管导通的顺序及负载电流的波形。组与组之间的换流和组内晶闸管的换流顺序已做了说明，这里不再赘述。下面着重分析负载电流波形。

以 U 相负载的波形为例来说明。由图 5-18 所示电路可知，如果 U 相负载中有电流通过，必定是 I 组和其他各组配合导通或者是 VI 组和其他各组配合导通，所以由图 5-20 可以看出，在 I 组导通的 $T/3$ 时间内，U 相负载上有正相电流，且导通 120°（$T/3$）；在第 IV 组导通时，U 相负载上有负电流通过，也导通 120°（$T/3$）。由于 I ~ VI 组晶闸管依次各导通 120°（$T/3$），又因是电流型变频电路，所以其他两相负载电流同 U 相一样，也是持续 120°

的方波。

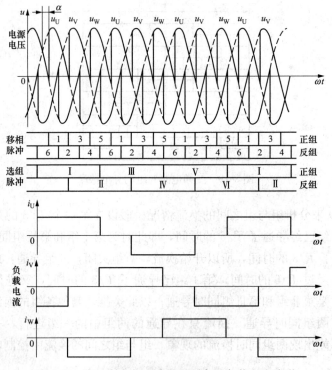

图 5-20　交—交变频电路导通顺序及负载电流波形

在每一个 120°的时间内，都实现了组内 1～6 晶闸管之间的换流，电源电流就正好变换一周。三个 120°的时间内，电源电流变换三周，所以电源频率是负载电流频率的三倍，即系统输出频率为电源频率的 1/3，实现了变频。

上述电路中，由于输出电压为方波，其中含有较多谐波，对负载不利。为了克服这一缺点，可采用正弦波型交—交变频电路，使输出电压的平均值按正弦规律变化。

5.4.2　正弦波型交—交变频电路

1. 输出正弦波的调节方法

在图 5-18 所示的交—交变频电路中，其输出电压在半个周期中的平均值取决于变频电路的控制角 α。如果在半个周期中控制角 α 是固定不变的，则输出电压在半个周期中的平均值是一个固定值。如果在半个周期中使导通组变频电路的控制角 α 按图 5-4 所示方式变化，由 $\pi/2$（A 点）逐渐减小到零（G 点），然后再逐渐由 0 增加到 $\pi/2$，即 α 角在 $\pi/2 \geqslant \alpha \geqslant 0$ 之间来回变化（分别为 B、C、D、E、F 各点），那么变频电路在半个周期中输出电压的平均值就从 0 变到最大再减小到 0，即可获得按正弦规律变化的平均电压。

2. 两组变频电路的工作状态

为了分析交—交变频电路的工作状态，可把变频电路视为一个理想交流电源与一个理想二极管相串联，并构成反并联电路，轮流向负载供电，如图 5-21（a）所示。分析时略去输出电压、电流中的谐波。系统采用无环流工作方式，即一组变频电路工作时，另一组则被封锁。通常，负载是感性的，负载电压与电流的波形如图 5-21（b）所示。功率因数角为 φ 时，两组变频电路的工作状态是：在负载电流的正半周（$t_1 \sim t_3$），由于整流器的单向导电性，正组变频电路有电流流过，反组变频电路被阻断。但在正组变频电路导通的 $t_1 \sim t_2$ 阶段，正组变频电路输出电压、电流都为正时，它工作在整流状态。而在 $t_2 \sim t_3$ 阶段，负载电流方向未改变，但输出电压方向却已变负，正组变频电路处于逆变状态。在 $t_3 \sim t_4$ 阶段，负载电流反向，正组变频电路阻断，反组变频电路工作，由于输出电压、输出电流均为负，故反组变频电路处于整流状态。在 $t_4 \sim t_5$ 阶段，电流方向未变，但输出电压反向，反组变频电路处于逆变状态。

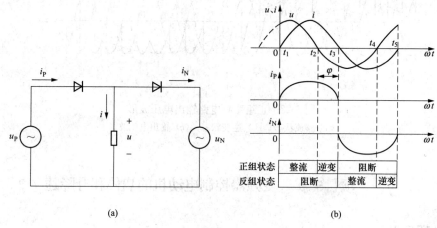

图 5-21　交—交变频电路等效电路及工作波形
(a) 等效电路图；(b) 工作波形

根据以上分析可以得出：哪组变频电路的导通是由电流的方向所决定的，而与电压的极性无关。对于感性负载，两组变频电路均存在整流和逆变两种工作状态。至于哪组变频电路是工作在整流还是逆变状态，应视输出电压与电流是极性相同还是相反而定。实际变频电路输出电压波形由电源电压的若干片段拼凑而成，如图 5-22（a）所示。

变频电路在感性负载下工作时，正组变频电路和反组变频电路均存在整流和逆变两种工作状态，当控制角处于 $\pi/2 \geqslant \alpha \geqslant 0$ 时，整流电压上部面积大于下部面积，平均电压为正，正组变频电路工作于整流状态；当 $\pi/2 \leqslant \alpha \leqslant \pi$ 时，整流电压上部面积小于下部面积，平均电压为负，正组变频电路工作于逆变状态。图 5-22 所示给出了正组（共阴极）变频电路输出的电压波形，反组变频电路（共阳极）工作状态与正组相似。这样，负载上电压的波形就由正组整流、逆变和反组整流、逆变四种波形组合而成。

调节控制角 α 的深度，使 α 角由 $\pi/2$ 到 $\alpha > 0°$ 的某一值再回到 $\pi/2$ 连续变化，可方便地调节输出电压幅值。当控制正、反组变频电路导通的频率时，即可改变输出电压的频率。显然，这种电路的输出电压频率小于电源频率。

只要调节图 5-18 中每组整流电路的控制角 α 由 $\pi/2$ 到 $\alpha > 0°$ 的某一值再回到 $\pi/2$ 连续变化，负载上就可获得三相正弦电压波形。

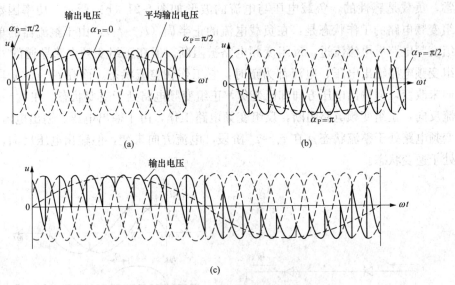

图 5-22　正组变频电路输出电压波形
（a）整流状态；（b）逆变状态；（c）输出电压波形

项目5　变频器控制电动机的启停和升降速

5.1　项目引入

工业生产中，生产现场与操作室之间经常需要两地控制，即用外部接线控制电动机的启停，用外部信号控制电动机的运行频率。正确进行外部接线和合理设置变频器的参数对于电动机的正常运行至关重要。

5.2　项目内容

一台三相异步电动机，功率为 0.37kW，额定电流为 1.05A，额定电压为 380V。现用 MM420 变频器进行外端子控制，即由变频器的外端子控制电动机的启停和升降速。

5.3　项目分析

1. 交流异步电动机的调速

工业生产系统的动力装置中，交流异步电动机已占了大约 90% 以上的份额。通过与交直流电动机的对比很容易看出，交流异步电动机具有体积小、造价低、维护简单、可适应复杂的工作环境等优点。但在交流变频器推广使用之前，在需要进行连续调速或精确调速的应用方面，直流电动机仍具有很大的优势。原因在于常规的交流调速方式，如变极调速、串电阻调速、降压调速、串级调速很难满足以上几种情况下的应用要求。而变频调速从运行的经济性、调速的平滑性、调速的机械特性这几个方面都具有明显的优势。目前，随着电力电子器件及单片机的大规模应用，交流异步电动机变频调速已成为交流调速的首选方案。

2. 变频调速的概念

三相交流异步电动机的旋转磁场转速和转子转速分别为

$$n_1 = \frac{60f}{p} \tag{5-5}$$

$$n = \frac{60f}{p}(1-s) \tag{5-6}$$

式中：n 为电动机转速，r/min；f 为定子交流电源的频率，Hz；p 为磁极对数；s 为转差率；n_1 为旋转磁场转速，r/min。

由式（5-5）和式（5-6）可知：旋转磁场转速和输入电流的频率成正比，当改变电流频率时，可以改变旋转磁场的转速，因而转子转速也随之改变，达到调速的目的。

3. MICROMASTER420 变频器

目前，变频器的生产厂家及变频器的品牌众多，这里选用目前技术先进、市场占有率比较高的西门子系列变频器中的 MICROMASTER420（简称 MM420），完成对电动机启停和升降速控制的要求。

（1）MM420 变频器的外形和操作面板。西门子 MM420 变频器的外形和操作面板如图 5-23 所示。

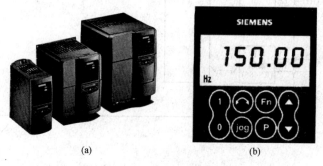

图 5-23 MM420 变频器的外形和操作面板
（a）外形；（b）操作面板

（2）MM420 变频器的接线图。MM420 变频器的电路分两大部分：一部分是完成电能转换（整流、逆变）的主电路；另一部分是处理信息的收集、变换和传输的控制电路，其接线图如图 5-24 所示。

1）主电路。MM420 变频器的主电路是由电源输入单相或三相恒压恒频的正弦交流电压，经整流电路转换成恒定的直流电压，供给逆变电路。逆变电路在 CPU 的控制下，将恒定的直流电压逆变成电压和频率均可调的三相交流电供给电动机负载。由图 5-24 可知，MM420 变频器直流环节是通过电容进行滤波的，因此属于电压型交—直—交变频器。

2）控制电路。MM420 变频器的控制电路是由 CPU、模拟输入、模拟输出、数字输入、输出继电器触点、操作板等组成，如图 5-24 所示。

（3）基本操作面板（BOP）上的按键及其功能说明见表 5-2。

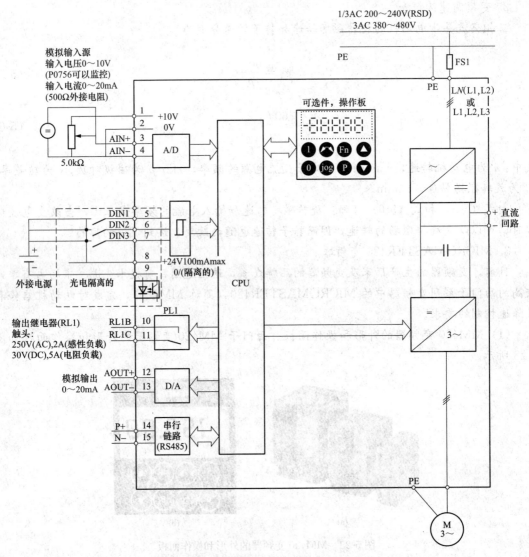

图 5-24　MM420 变频器的接线图

表 5-2　　　　　　　　基本操作面板（BOP）上的按键及其功能说明

显示/按钮	功能	功能的说明
r 0000	状态显示	LCD 显示变频器当前的设定值
I	启动变频器	按此键启动变频器；默认值运行时此键是被封锁的；为了使此键操作有效，应设定 P0700＝1
0	停止变频器	OFF1：按此键，变频器将按选定的斜坡下降速率减速停车。默认值运行时此键被封锁；为了允许此键操作，应设定 P0700＝1 OFF2：按此键两次（或一次，但时间较长）电动机将在惯性作用下自由停车，此功能总是"使能"的

续表

显示/按钮	功能	功能的说明
 （改变方向图标）	改变电动机的转动方向	按此键可以改变电动机的转动方向；电动机的反向用负号（一）表示或用闪烁的小数点表示；默认值运行时此键是被封锁的，为了使此键的操作有效，应设定 P0700＝1
 jog	电动机点动	在变频器无输出的情况下按此键，将使电动机启动，并按预设定的点动频率运行；释放此键时，变频器停车。如果变频器/电动机正在运行，按此键将不起作用
 Fn	功能	此键用于浏览辅助信息。 变频器运行过程中，在显示任何一个参数时按下此键并保持不动 2s，将显示以下参数值（在变频器运行中，从任何一个参数开始）： （1）直流回路电压，V，用 d 表示； （2）输出电流，A； （3）输出频率，Hz； （4）输出电压，V，用 o 表示； （5）由 P0005 选定的数值〔如果 P0005 选择显示上述参数中的任何一个（3、4 或 5），这里将不再显示〕。 连续多次按下此键，将轮流显示以上参数。 跳转功能：在显示任何一个参数（rXXXX 或 PXXXX）时短时间按下此键，将立即跳转到 r0000，如果需要的话，可接着修改其他的参数。跳转到 r0000 后，按此键将返回原来的显示点
 P	访问参数	按此键即可访问参数
 （向上箭头）	增加数值	按此键即可增加面板上显示的参数数值
 （向下箭头）	减少数值	按此键即可减少面板上显示的参数数值

5.4 项目实施

1. 设备、工具和材料

MM420 变频器、三相交流电动机、＋24V 电压板、电工工具、万用表、按钮、导线。

2. 接线

将变频器和电动机按图 5-25 所示的连接方式正确接线。

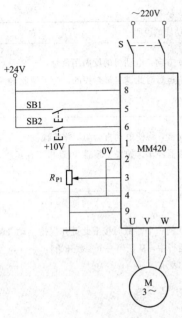

图 5-25 变频器和电动机的连接

3. 参数设置

（1）复位参数：

P0010＝30　P0970＝1

（2）电动机参数：

根据电机铭牌数据进行设置。

（3）控制参数：

P0700＝2，P0701＝1，P0702＝2，P1000＝2，P1080＝0，P1082＝50，P1120＝20，P1121＝20。

4. 操作运行控制

（1）按下按钮 SB1，电动机正向运行。观测变频器的输出频率和输出电压，观测电动机的转速，并用万用表测量变频器 3、4 端子之间的电压数值。

（2）按下按钮 SB2，电动机反向运行。观测变频器的输出频率和输出电压，观测电动机的转速，并用万用表测量变频器 3、4 端子之间的电压数值。

（3）调节外接电位器阻值 R_{P1}，可平滑无级地调节电动机转速的大小。

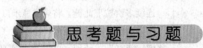

思考题与习题

5.1　单相变频电路的结构形式有哪些，其工作原理有哪些？

5.2　什么是电压型和电流型变频电路？各有何特点？

5.3　三相桥式电压型变频电路采用 180°导电方式，当其直流侧电压 $U_D＝100V$ 时，试求输出相电压和线电压基波幅值和有效值。

5.4　交—交变频器如何改变其输出电压和频率？最高输出频率受什么限制？

5.5　比较交—直—交变频电路和交—交变频电路的特点。

5.6　比较方波型交—交变频电路和正弦波型交—交变频电路的控制规则。

5.7　如何实现 PWM 控制？

5.8　试说明 PWM 变频电路有何优点。

模块 6　电力电子电路的安全运行与 MATLAB 仿真

为了保证电力电子电路安全可靠的运行，除了主电路及控制电路设计合理、电力电子器件型号规格选择正确以外（晶闸管额定电压、额定电流等参数的确定方法参见模块 1，其他电力电子器件的选择标准具体可参见相关技术手册），采用合适的过电压保护、过电流保护、$\mathrm{d}u/\mathrm{d}t$ 保护、$\mathrm{d}i/\mathrm{d}t$ 保护和缓冲电路保护也是必不可少的。另外对于大型的电力电子装置，经常采用电力电子器件的串并联形式以保证装置的正常运行。

电力电子器件的开关非线性，给电力电子电路的分析带来了一定的困难，而通过软件 MATLAB 进行电力电子器件的特性实验以及对各种变流过程的仿真，可以更加直观地理解电力电子技术，而且能够给电力电子电路的设计与开发提供有效的支持。

专题 6.1　过电压和过电流保护

6.1.1　过电压保护

1. 过电压产生的原因

电力电子装置中可能发生的过电压分为外因过电压和内因过电压两类。

（1）外因过电压主要来自系统中的操作过电压和雷击过电压等外部原因。

1）操作过电压，是指由分闸、合闸等开关操作引起的过电压。电网侧的操作过电压会由供电变压器电磁感应耦合，或由变压器线圈之间存在的分布电容静电感应耦合过来。

2）雷击过电压，是指由雷击引起的过电压。

（2）内因过电压主要来自电力电子装置内部器件的开关过程，包括以下换相过电压和关断过电压两个部分。

1）换相过电压，是指由于晶闸管或者与全控型器件反并联的续流二极管在换相结束后不能立刻恢复阻断能力，因而有较大的反向电流流过，使残存的载流子恢复，而当其恢复了阻断能力时，反向电流急剧减小，这样的电流突变会因线路电感而在晶闸管阴阳极之间或与续流二极管反并联的全控型器件两端产生过电压。

2）关断过电压，是指全控型器件在较高频率下工作时，当器件关断时，因正向电流的迅速降低通过线路电感在器件两端感应出的过电压。

2. 过电压保护措施

（1）概述。图 6-1 所示为各种过电压保护措施及其配置位置，各电力电子装置可视具体情况采用其中的几种。其中 RC3 和 RCD 为抑制内因过电压的装置，其功能属于缓冲电路的范畴。在抑制外因过电压的措施中，采用 RC 过电压抑制电路是最为常见的，其典型连接方式如图 6-2 所示。RC 过电压抑制电路可接于供电变压器的两侧（通常供电电网一侧称网侧，电力电子电路一侧称阀侧）或电力电子电路的直流侧。对于大容量的电力电子装置，可采用图 6-3 所示的反向阻断式 RC 电路。采用雪崩二极管、金属氧化物压敏电阻、硒堆和转折二极管等非线性元器件来限制或吸收过电压也是较为常用的手段。

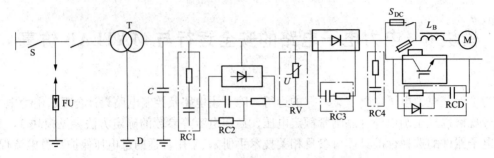

图 6-1　过电压抑制措施

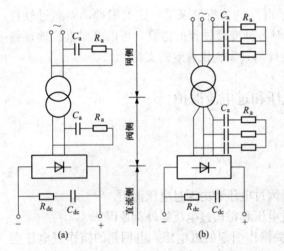

图 6-2　RC 过电压抑制电路连接方式
（a）单相连接；（b）三相星形连接

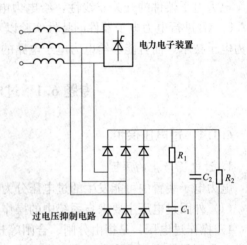

图 6-3　反向阻断式过电压抑制电路

（2）保护措施的实施。下面以晶闸管的使用为例，说明过电压保护措施及接线方式。

过电压保护措施有基于吸收原理的阻容保护和基于泄放原理的非线性元器件保护两种。采取过电压保护措施后，应使经常发生的操作过电压限制在器件额定电压以下，偶然性的浪涌电压限制在器件的断态和反向不重复峰值电压数值以下。

1）阻容保护。阻容保护具体包括交流侧阻容保护、直流侧阻容保护、换相过电压的阻容抑制等。

a）交流侧阻容保护。为吸收变压器释放出来的磁场能量，可在变压器二次侧并联电阻和电容吸收保护，接线方式如图 6-4 所示。由于电容两端的电压不能突变，可以快速吸收造成过电压的磁场能量，电阻可以起阻尼作用，并可在电磁过程中消耗造成过电压的能量。图 6-4 中列出了常见的几种交流侧阻容保护方式，三相 RC 保护电路可为星形连接，也可为三角形连接。

阻容保护电路中，电阻发热量较大，也不利于限制晶闸管的电流上升率。为克服上述缺点，可采用图 6-3 所示的反向阻断式阻容保护电路。正常工作时，保护的三相桥式整流器输出端电压为变压器二次电压的峰值，输出电流很小，从而减小了保护元器件的发热。过电压

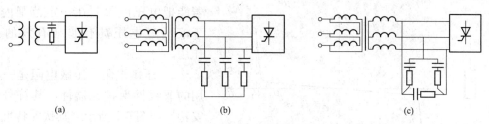

图 6-4　交流侧阻容保护接线方式

（a）单相连接；（b）三相星形连接；（c）三相三角形连接

出现时，该整流桥用于提供吸收过电压能量的通路，电容将吸取的过电压能量转换为电场能量；过电压消失后，电容经 R_1、R_2 的放电，将储存的电场能量释放，逐渐将电压恢复到正常值。其中，R_1 用于限制 C_1 的充电电流，R_2 用于提供放电通路。

b）直流侧阻容保护。直流侧也有可能发生过电压。在图 6-5 中，当与晶闸管器件串联的快速熔断器熔断或直流快速开关 A 切断时，因直流侧电抗器释放储能，会在整流器直流输出端造成过电压。另外，由于直流侧快速开关（或熔断器）切断负载电流时，变压器释放的储能也会产生过电压，尽管交流侧保护装置能适当地抑制这种过电压，但它仍会通过导通着的晶闸管反应到直流侧来。为此，直流侧也采取过电压保护措施。一般也是采用阻容保护，如图 6-5 中的 $R_d - C_d$ 阻容保护支路。

c）晶闸管换相过电压的阻容抑制。随着晶闸管器件从正向导通到恢复反向阻断，将在反向电压作用下流过相当大的反向恢复电流。当恢复阻断时，很快截止的反向恢复电流会在电感上产生过电压，即换相过电压。为使器件免受换相过电压的危害，一般在器件的两端并联 RC 电路，如图 6-6 所示。

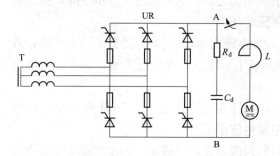

图 6-5　直流侧阻容保护接线方式

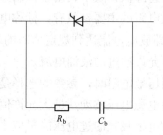

图 6-6　晶闸管换相过电压的阻容抑制

图中，C_b、R_b 用于吸收换相过电压能量。其中，C_b 参数与晶闸管通态电流有关，电流越大，产生的过电压越高，C_b 的电容量越大。表 6-1 提供了部分经验数据。电容 C_b 的耐压一般选晶闸管电压的 $1.1 \sim 1.5$ 倍。RC 电路既可抑制换相过电压，又兼作均压。

表 6-1　　　　　　　　　　　　　晶闸管阻容电路经验数据

晶闸管额定电流（A）	1000	500	200	100	50	20	10
电容 C_b（μF）	2	1	0.5	0.25	0.2	0.15	0.1
电阻 R_b（Ω）	2	5	10	20	40	80	100

2）非线性元件保护。用于抑制过电压的非线性元器件具有近似于稳压管的伏安特性，

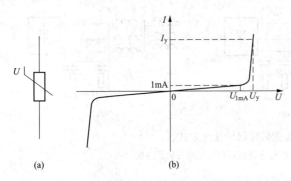

图 6-7　压敏电阻的图形符号和伏安特性

（a）图形符号；（b）伏安特性

若能把电压值限制在一定范围内，对于浪涌过电压具有非常有效的抑制作用。

a）压敏电阻。压敏电阻是一种常用的非线性保护元器件，其符号和伏安特性如图 6-7 所示。其伏安特性曲线关于原点对称，因此具有双向限压作用。当施加在压敏电阻上的电压低于击穿电压时，漏电流仅为微安级，损耗小；当施加的电压超过击穿电压时，压敏电阻击穿，可以通过很大的浪涌电流，几乎呈现恒压特性。其保护电路接线方式如图 6-8 所示。

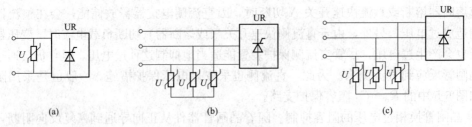

图 6-8　压敏电阻保护电路接线方式

（a）单相连接；（b）星形连接；（c）三角形连接

值得注意的是：压敏电阻击穿并通过较大浪涌电流之后，其标称电压有所下降，多次击穿后将迅速降低，故不宜用于抑制频繁出现过电压的场合。

压敏电阻的主要参数有：标称电压 U_{1mA}，即漏电流为 1mA 时对应达到的端电压值；残压 U_y，即放电电流达到规定值时的端电压；残压比 U_y/U_{1mA}；允许通流量，即在规定的电流波形下允许通过的浪涌电流。

使用压敏电阻时，参数的选择是很重要的。应保证在元器件的 U_{1mA} 下降到原来的 10% 时，即使电源电压波动达最大允许值，压敏电阻漏电流也不超过 1mA。

压敏电阻吸收的过电压能量应小于压敏电阻的通流容量，一般中、小型整流器的操作过电压保护可选择 3～5kA，防雷保护选择 5～20kA。

b）硒堆过电压抑制器。硒堆过电压抑制器也是一种常用的过电压保护器件，它由多片单向导电的硒片叠成。硒堆过电压抑制器常用的接线方式如图 6-9 所示。由图 6-9 可知，硒

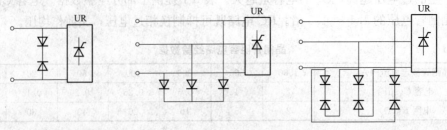

图 6-9　硒堆过电压抑制器接线方式

堆过电压抑制器常采用对接方法，抑制正、反向过电压。在其端电压低于击穿电压时，有较高反向电阻。当其两端出现高于击穿电压的过电压时，电阻急剧下降，电流明显增加，端电压保持不变。硒片本身具有负温度系数，在保护过电压过程中具有正反馈作用。

硒片伏安特性分散性较大，宜实测选用。硒堆过电压抑制器的硒片数量由外接电压决定。

c) 对称硅过电压抑制器（SSOS）。对称硅过电压抑制器是一种新型过电压保护器件，它相当于两个雪崩二极管的反向串联。其特性与压敏电阻相似，击穿后的动态电阻低，允许频繁转折、响应速度快、保护效果好。

6.1.2　过电流保护

1. 过电流产生的原因

电力电子电路运行中，如果出现过载或短路、电源电压突变、换流失败、电力电子器件损坏等故障时，容易发生过电流的现象。

2. 过电流保护措施

常用的过电流保护措施如图 6-10 所示。在各种过电流保护措施中，采用快速熔断器、直流快速断路器和过电流继电器最为常用，并且采用快速熔断器（简称快熔）是电力电子装置中最有效、应用最广泛的一种过电流保护措施。

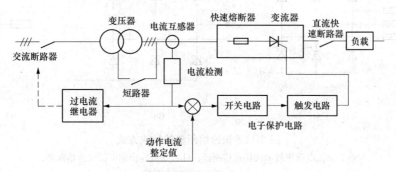

图 6-10　过电流保护措施

3. 保护措施的实施

下面以晶闸管为例，说明过电流保护措施及接线方式。

（1）保护措施。

a) 电子过电流保护装置。电子过电流保护装置的电路构成如图6-11 所示。

电子过电流保护装置由电流检测环节（如电流互感器）监视系统电流，形成输入信号，再将电流信号经整流转换成直流电压信号送至电压比较器，与过电流整定值比较。发生过载或短路时，电流检测信号超过电流整定值，电压比较器输出高电平，控制门封

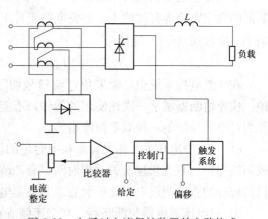

图 6-11　电子过电流保护装置的电路构成

锁整流器，使晶闸管整流器迅速阻断；或将触发脉冲迅速后移，使整流器立即转入有源逆变状态，释放储存在电感中的能量，直到逆变结束，整流器停止工作。在正常工作情况下，电流信号值小于过电流整定值，电压比较器输出低电平，控制门开放，触发系统受给定电压的控制，电路正常工作。电子保护电路的特点是动作迅速准确，动作时间一般不超过 10ms。随着新型电力传感器的应用，电子过电流保护将更加完善。

　　b）快速熔断器。快速熔断器是目前广泛应用的保护措施，其保护原理和普通熔断器相似。发生过电流时，可利用其快速熔断特性，使其先熔断并切断电路，保护晶闸管。快速熔断器具有通过电流越大，熔断时间越短的特点，适宜作短路保护，但不宜作过载保护。

　　快速熔断器在电路中的接线方式如图 6-12 所示。图 6-12（a）所示为交流电源进线串联快速熔断器的接线方式，熔断器用量少，对整流器的内部、外部故障引起的短路电流均有保护作用，但对元器件保护的可靠性稍差；图 6-12（b）所示为直流输出侧串联快速熔断器方式，对外部负载故障引起的短路电流起保护作用，快速熔断器的用量更少，但该方法对整流器的内部故障不起保护作用，对元器件保护的可靠性稍差；图 6-12（c）所示为每只晶闸管都与一个快速熔断器相串联，该方法对所有的短路故障均有保护作用，但所用的快速熔断器的数量较多。

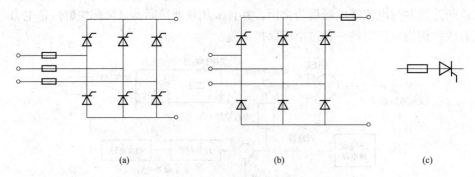

图 6-12　快速熔断器的接线方式
（a）交流电源进线串接快速熔断器；（b）直流输出侧串接快速熔断器；
（c）器件串接快速熔断器

　　在选择快速熔断器的额定参数时，应尽量使其额定电压等于或略大于工作电压。快速熔断器的额定电流为有效值 I_{RN}。设电路正常工作状态时通过快速熔断器的电流有效值为 I_R，则 I_{RN} 应按式（6-1）选择

$$I_R < I_{RN} < 1.57 I_{T(AV)} \tag{6-1}$$

　　在一般电控系统中，常采用过流信号切除触发脉冲的方法，再配合使用快速熔断器保护。快速熔断器属于一次性使用的器件，不能重复使用，且其价格较高，更换不方便，通常作为过电流保护的一种双重保障措施。

　　c）直流快速开关。在大容量和中容量的设备中，常用直流快速开关作为直流侧的过载或短路保护。直流快速开关动作时间只有 2ms，全部分断电弧的时间不超过 $25 \sim 30ms$，是目前较好的直流侧过电流保护装置。其额定电压、额定电流应不小于变流装置的额定值。

　　d）过电流继电器与断路器。在交流侧或在直流侧都可以接入过电流继电器，在发生过电流故障时，过电流继电器动作，切断交流输入。由于过电流继电器的动作和断路器的跳闸

都要有一定的时间，约为100～200ms，故必须设法限制短路电流。只有在短路电流不大的情况下，它们才能起到保护晶闸管的作用。

（2）实施说明。交流侧应设置作用于电源开关自动跳闸的过电流继电器，用于保护整个系统；为保护晶闸管，应设进线电抗器限流并设快速熔断器；大中型晶闸管变流器可用直流快速开关作为直流侧过载、过电流保护，发生故障时，要求先于快速熔断器动作，避免快速熔断器熔断。

在比较重要或易发生故障的装置中，交流或直流侧设电子过电流保护，作用于触发脉冲快速移相或封锁脉冲。

快速熔断器是应用最普遍的过电流保护措施。在一些小型电力电子装置中作为主要的保护措施；在一些容量较大的装置中，作为防止晶闸管损坏的最后措施。

6.1.3　du/dt 与 di/dt 的限制

下面以晶闸管的使用为例，说明限制 du/dt 与 di/dt 的原因及措施。

1. 限制 du/dt 与 di/dt 的原因

电压上升率 du/dt 过大的主要原因有：电网侵入的过电压；晶闸管换相结束后的端电压。产生 di/dt 过大的主要原因有：晶闸管开通时，与晶闸管并联的电容向晶闸管突然放电；交流电源通过晶闸管向直流侧电容充电；直流侧负载突然短路等。

du/dt 与 di/dt 过大都可能危及晶闸管安全，因此对 du/dt 与 di/dt 的限制也是对晶闸管的保护。

2. 限制 du/dt 与 di/dt 的措施

（1）du/dt 的限制。在晶闸管阻断状态下，施加正向电压的上升率很大时，会引起晶闸管的误开通，造成装置的失控。因此，必须在电路上采取措施抑制 du/dt。

电容电压、电感电流不能突变，均可用于 du/dt 的抑制电路。并联于晶闸管两端的 R_b、C_b 就能兼顾抑制 du/dt 的作用，在电源输入端串联电抗器或在晶闸管每个桥臂上串联电抗器，可使加于晶闸管的 du/dt 降低。

（2）di/dt 的抑制。晶闸管在开通过程中，最初电流集中在门极附近，随后才逐步扩展到全部结面。如果 di/dt 过大，门极附近电流密度很大，会引起门极附近过热，造成晶闸管损坏。尽管制造厂从结构上采取了提高晶闸管承受 di/dt 能力的措施，但因换相时阻容保护的电容储能突然释放，仍会造成危及晶闸管安全的 di/dt，故必须在电路上采取抑制措施，保护晶闸管。而在晶闸管回路串联电感是抑制 di/dt 的有效方法。

用于限制 du/dt 与 di/dt 的电感量一般很小，约几微亨到几十微亨。一般采用导线绕一定圈数构成空心电抗器，或者在导线上套上一个或几个磁环构成小体积电抗器即可。

6.1.4　全控型器件的缓冲电路及保护电路

对于全控型器件，还可以通过设置缓冲电路和保护电路来防止过电压、过电流的产生。

1. 缓冲电路

缓冲电路也称为吸收电路。电力电子器件有开通、通态、关断、断态四种工作状态，其中断态时承受高电压，通态时承载大电流，而开通和关断过程中开关器件可能同时承受过电压、过电流、过大的 du/dt、过大的 di/dt 以及过大的瞬时功率。为了防止上述原因造成的高电压和大电流可能使器件工作点超出安全工作区而损坏器件，在电力电子电路中要设置缓冲电路。其工作原理是关断缓冲电路吸收器件的关断过电压和换相过电压，抑制 du/dt，减小关断损耗；开通缓冲电路抑制器件开通时的电流过冲和 di/dt，减小器件的开通损耗。图 6-13 所示为几种缓冲电路。

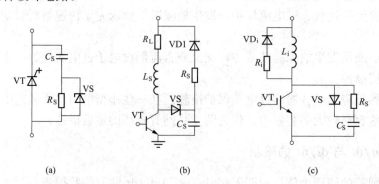

图 6-13　几种缓冲电路
(a) GTO 缓冲电路；(b) GTR 缓冲电路；(c) IGBT 缓冲电路

图 6-13（a）所示电路是较大容量 GTO 电路中常见的缓冲器。其 VS 尽量使用导通和关断速度快的二极管，最大限度缩短 C_S、R_S、VS 的连接导线，从而使缓冲器电容效果更显著。

图 6-13（b）所示为 GTR 的一种缓冲电路。关断时，流过负载 R_L 的电流经电感 L_S、二极管 VS 给电容 C_S 充电，因为 C_S 两端的电压不能突变，这就使 GTR 在关断过程电压缓慢上升，避免了关断过程初期器件中电流还下降不多时，电压就升到最大值，同时也抑制了电压上升率 du/dt。开通时，一方面 C_S 经 R_S、L_S 和 GTR 回路放电，减小了 GTR 承受较大的电流上升率 di/dt，另一方面负载电流经电感 L_S 后受到了缓冲，也就避免了开通过程中 GTR 同时承受大电流和高电压的情形。

图 6-13（c）所示为 IGBT 的一种缓冲电路。VT 开通时，C_S 通过 R_S 向 VT 放电，并且在 L_i 的共同作用下，抑制 di/dt 的上升速度。关断时，负载电流通过 VS 向 C_S 分流，抑制了 du/dt 和过电压。

采用缓冲电路后，不仅保护了器件，使其工作在安全工作区，而且由于器件的开关损耗有一部分转移到了缓冲电路的功率电阻 R_S 上，因此降低了器件的损耗，并且可以降低器件的结面温度，从而可充分利用器件的电压和电流容量。

2. 保护电路

（1）GTO 的保护电路。GTO 的保护电路类似于晶闸管的保护电路。除了采用串联快速熔断器的方法外，还在 GTO 的系统中设置过电压、欠电压和过热保护单元，以保证安全可靠工作。此外，还应设置缓冲电路，如图 6-13（a）所示。GTO 设置缓冲电路的目的有两个：一是减轻 GTO 在开关过程中的功耗，为了减低开通时的功耗，必须抑制开通时 GTO 的电流上升率；二是抑制静态电压上升率，过高的电压上升率会使 GTO 因位移电流产生误导通。

（2）GTR 的保护电路。为了使 GTR 在厂家规定的安全工作区内可靠工作，必须采取保护措施。对 GTR 的保护相对来说比较复杂，因为它的开关频率较高，采用快熔保护是无效的，一般采用缓冲电路，如图 6-13（b）所示。

为了使 GTR 正常可靠工作，除采用缓冲电路之外，还应设计最佳驱动电路，并使 GTR 工作于准饱和状态。另外，采用电流检测环节，在故障时封锁 GTR 的控制脉冲，使其及时关断，保证 GTR 电控装置安全可靠工作；在 GTR 电控系统中设置过电压、欠电压和过热保护单元，以保证其安全可靠工作。

（3）电力 MOSFET 的保护。电力 MOSFET 的薄弱之处是栅极绝缘层易被击穿损坏，为此，在使用时必须采取若干保护措施。

1）防止静电击穿。电力 MOSFET 的最大优点是具有极高的输入阻抗，因此在静电较强的场合难于泄放电荷，容易引起静电击穿。防止静电击穿应注意以下几点：①在测试和接入电路之前器件应存放在静电包装袋、导电材料或金属容器中，不能放在塑料盒或塑料袋中；②取用时应拿管壳部分而不是引线部分，工作人员需通过腕带良好接地；③将器件接入电路时，工作台和烙铁都必须良好接地，烙铁烧热后焊接前应先断电；④在测试器件时，测量仪器和工作台都必须良好接地；⑤器件的三个电极未全部接入测试仪器或电路前，不要施加电压；⑥改换测试范围时，电压和电流都必须先恢复到零；⑦注意栅极电压不要超过限定值。

2）防止偶然性振荡损坏器件。电力 MOSFET 与测试仪器、接插盒等的输入电容、输入电阻匹配不当时，可能出现偶然性振荡，造成器件损坏。因此，在用测试仪器测试时，需在器件的栅极端子处外接 $10k\Omega$ 串联电阻，也可在栅极、源极之间外接大约 $0.5\mu F$ 的电容器。

3）防止过电压。首先是栅、源间的过电压保护，要适当降低栅极驱动电压的阻抗，在栅源之间并接阻尼电阻或并接约 20V 的稳压管，特别要防止栅极开路工作；其次是漏、源间的过电压保护，应采取稳压管钳位、二极管与 RC 钳位或 RC 抑制电路等保护措施。

4）防止过电流。若干负载的接入或切除都可能产生很高的冲击电流，以致超过电流极限值，此时必须用控制电路使器件回路迅速断开。

5）消除寄生晶体管和二极管的影响。由于电力 MOSFET 内部构成寄生晶体管和二极管，通常若短接该寄生晶体管的基极和发射极就会造成二次击穿。另外寄生二极管的恢复时间为 150ns，而当耐压为 450V 时恢复时间为 500~1000ns。因此，在桥式开关电路中，电力 MOSFET 应外接快速恢复的并联二极管，避免发生桥臂直通短路故障。

（4）IGBT 保护。IGBT 的保护主要是栅源过电压保护，静电保护，采用电阻、电容和二极管组成的缓冲电路进行保护等。另外，也应在 IGBT 电控系统中设置过电压、欠电压、过电流和过热保护单元，以保证安全可靠工作。应该指出，必须保证 IGBT 不发生擎住效应，具体做法是保证 IGBT 使用的最大电流不超过额定电流。

6.1.5　散热

电力电子器件的散热，一般可采用自然冷却、风扇冷却和水冷却三种冷却方式。

（1）自然冷却，只适用于小功率应用场合。

（2）风扇冷却，适用于中等功率应用场合，如 IGBT 应用电路。

（3）水冷却，适用于大功率应用场合，如大功率 GTO 晶闸管、IGCT 及 SCR 等应用电路。

专题 6.2　串并联保护

由于单个电力电子器件承受电压和电流的能力有一定限额，在大型电力电子装置的高电压、大电流的场合，需要将电力电子器件串联或并联应用，或者将变流装置串联和并联应用。

6.2.1　晶闸管的串并联

1. 晶闸管串联

在高压整流设备中，当一个晶闸管的额定电压不能满足实际要求时，就需要将数只晶闸管串联使用，以共同分担高电压。晶闸管串联时应使每只晶闸管平均分担电压（均压）。由于晶闸管的特性不一致，如各器件之间静态伏安特性、开通时间等动态参数的分散性，必须采取措施才能实现均压。

晶闸管直接串联后，由于静态伏安特性不同，在同一漏电流下每只晶闸管所承受的电压是不同的。即存在静态均压问题，如图 6-14（a）所示。显然，特性差别越大，均压程度越差，分担电压过高的器件将因此损坏。为解决静态均压问题，除了选用特性尽可能一致的器件外，还应为串联的每只晶闸管并联均压电阻 R_j，如图 6-14（b）所示。当均压电阻远小于晶闸管的漏电阻时，则电压分配主要决定于均压电阻 R_j。显然，R_j 越小，均压效果越好，但 R_j 上损耗也越大。为此，均压电阻 R_j 通常按下式计算

$$R_j \leqslant \left(\frac{1}{K_U}-1\right)\frac{U_{TN}}{I_{rm}} \tag{6-2}$$

式中：U_{TN} 为晶闸管额定电压；I_m 为对应于 U_{TN} 的晶闸管断态、反向重复峰值电流；K_U 为均压系数，一般取 0.8～0.9。

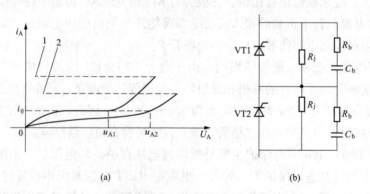

(a)　　　　　　　　　　(b)

图 6-14　晶闸管的串联
(a) 串联时电压分配；(b) 均压措施

均压电阻损耗功率为

$$P_{Rj}=K\left(\frac{U_m}{n_s}\right)^2\frac{1}{R_j} \tag{6-3}$$

式中：P_{Rj} 为均压电阻损耗功率，W；U_m 为作用于元件上的正反向峰值电压，V；K 为计算系数，单相时取 0.25，三相时取 0.45；n_s 为串联晶闸管的数目。

晶闸管关断时，由于器件恢复阻断能力不同，先关断的晶闸管承受了全部电压，造成电压不均衡现象。这种在关断过程中出现的短暂不均压，属于动态均压问题。静态电压均不能解决动态均压问题。

为了解决动态均压问题，可在晶闸管两端并联 R_b、C_b 阻容吸收电路，如图 6-14（b）所示。用于吸收因各晶闸管反向恢复电荷差异造成的晶闸管分压不均匀。R_b、C_b 的经验数据见表 6-2。

表 6-2　　　　　　　　晶闸管串联时动态均压阻容 R_b、C_b 经验数据

晶闸管额定电流（A）	1～5	10～20	50～100
C_b（μF）	0.01～0.05	0.1～0.25	0.25～0.5
R_b（Ω）	100	50	20

由于晶闸管开通时间的差异或门极触发电流的不足，串联晶闸管在开通过程中也会出现电压不均衡现象。为实现开通过程的动态均压，通常要求晶闸管采用强触发脉冲，强触发脉冲的幅值一般为晶闸管普通触发电流的五倍。

采取上述均压措施后，器件串联仍需考虑电压分配不均匀因素，必须适当降低电压的额定值使用。

2. 晶闸管并联

当单个晶闸管的通态平均电流不能满足电路要求时，可将多只晶闸管并联使用，以提高电流通过能力。由于导通状态时晶闸管的伏安特性各不相同，因而通过并联元器件的电流是不相等的，因此晶闸管并联时应考虑均流问题。除了选用特性比较一致的元器件并联应用外，还应采用串联电阻、电抗器和均流互感器等均流措施。

（1）串联电阻均流。串联电阻均流是将每只并联的晶闸管都串联一个阻值相同的电阻，然后再并联，只要并联电阻电压降显著大于晶闸管的通态电压降，即可实现均流，如图 6-15（a）所示。用这种均流方法虽较简单，但因主电流通过串联电阻，会产生较大功率损耗，且对于动态均流不起作用，故其应用受到限制。

（2）串联电抗器均流。多数情况下，通过晶闸管的电流为周期性脉动电流，因此可将每只晶闸管与电抗器串联，以达到均流目的，如图 6-15（b）所示。由于每只晶闸管串联的电感较母线电感大得多，各并联支路电感又近似相等，所以换流期间各并联器件的电流上升率近似相等，也具有动态均流作用。适当选择电抗器的电感量还可以限制 $\mathrm{d}i/\mathrm{d}t$，以防止因 $\mathrm{d}i/\mathrm{d}t$ 过大损坏晶闸管。串联电抗器对于换流期间电流均流是十分有

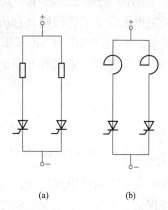

图 6-15　晶闸管并联均流
(a) 串联电阻均流；
(b) 串联电抗器均流

效的，一般采用空芯电抗器。因为空芯电抗器在大电流情况下不会出现磁饱和，故在设备过载和故障时仍能起均流作用。该方法功率损耗小，适用于大容量变流装置。

（3）串联均流互感器。均流互感器有两个线圈，通过公共铁芯耦合，一个线圈接于本支路晶闸管，另一线圈接于相邻的并联支路中，这样每一只并联的晶闸管中串入了两个线圈，

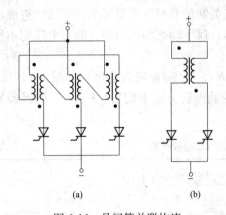

图 6-16　晶闸管并联均流

(a) 串联互感器均流；(b) 2 个支路的互感器均流

如图 6-16（a）所示。

第一个是相邻支路的线圈从同名端流入，另一个是本支路的线圈从同名端流出。同一均流互感器中，两线圈励磁方向相反。两个线圈电流相等时，铁芯励磁安匝相互抵消；电流不相等时，互感器线圈中就会产生感应电动势，使电流大的支路电流减小，电流小的支路电流增大。当出现各支路电流不均匀时，可使各支路电流间保持均流。

均流互感器用于差流均衡，其体积和质量都较串联电感器小。但在支路数大于 2 时，电路结构复杂；在支路数为 2 时，可简化为 1 个均流互感器，如图6-16（b）所示。

6.2.2　电力 MOSFET 和 IGBT 的并联

1. 电力 MOSFET 并联

电力 MOSFET 的通态电阻 R_{on} 具有正的温度系数，并联使用时具有电流自动均衡的能力，因而并联使用比较容易，但也要注意选用通态电阻 R_{on}、开启电压 U_T、跨导 G_{fs}、输入电容 C_{iss} 尽量相近的器件并联；电路走线和布局应尽量做到对称；为了更好地动态均流，有时可在源极电路中串入小电感，起到均流电抗器的作用。

2. IGBT 的并联

IGBT 的通态压降在 1/2 或 1/3 额定电流以下的区段具有负的温度系数，在 1/2 或 1/3 额定电流以上的区段则具有正的温度系数，因而 IGBT 在并联使用时也具有一定的电流自动均衡的能力，与电力 MOSFET 类似，易于并联使用。当然，在实际并联时，在器件参数选择、电路布局、走线等方面也尽量一致。

专题 6.3　MATLAB 仿真

6.3.1　MATLAB 简介

在电力电子电路的设计过程中，需要对设计方案（电路构建及有关元器件参数选择）进行评估，对设计效果进行验证。对安装完毕的实际电路试验后，就有可能需要更换元器件，甚至需要重新设计、安装、调试，往往需要反复多次才能得到满意的结果。这样将耗费大量的人力和物力，使设计效率低下、耗资大、周期长。

采用计算机进行仿真试验，则能有效的解决以上问题。MATLAB（Matrix Laboratory）是美国 MathWorks 公司开发的一套高性能科学计算类软件。MATLAB 将矩阵运算、数值分析、图形处理、编程技术结合在一起，为用户提供了一个强有力的科学及工程问题的分析计算和程序设计工具，它还提供了专业水平的符号计算、文字处理、可视化建模仿真和实时控制等功能，从而被广泛地应用于科学计算、控制系统、信息处理等领域的分析、仿真和设计工作。

Simulink 是基于框图的仿真平台，它挂接在 MATLAB 环境上，以 MATLAB 的强大计算功能为基础，将一系列模块连接起来，构成复杂的系统模型，以进行仿真和计算。

MATLAB 从 1984 年的 DOS 版到 MATLAB R2016a，经历了多个版本的更新，这里以 MATLAB6.5 为例，介绍其在电力电子电路中的应用。

6.3.2 Simulink 和 Power System

1. MATLAB 的系统开发环境（System Developing Environment）

MATLAB 的系统开发环境如图 6-17 所示。

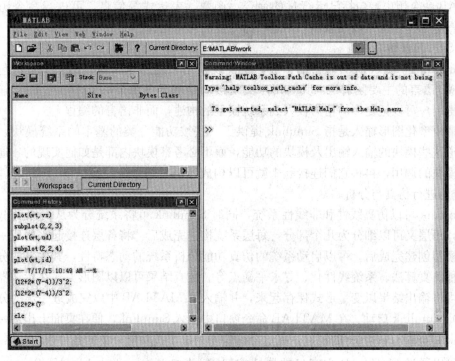

图 6-17 MATLAB 的系统开发环境

（1）菜单和工具栏（Menu and Toolbar）。操作桌面上有六个菜单和带有九个快捷按钮的工具栏组。

（2）命令窗口（Command Window）。命令窗口是 MATLAB 的主要交互窗口，用于输入 MATLAB 命令、函数、数组、表达式等信息，并显示图形以外的所有计算结果；还可在命令窗口输入最后一次输入命令的开头字符或字符串，然后用↑键调出该命令行。

（3）工作空间窗口（Workspace Window）。工作空间窗口用于储存各种变量和结果的空间，显示变量的名称、大小、字节数及数据类型，对变量进行观察、编辑、保存和删除。临时变量不占空间。

为了对变量的内容进行观察、编辑与修改，可以用三种方法打开内存数组编辑器。双击变量名；选择该窗口工具栏上的打开图标；鼠标指向变量名，点击鼠标右键，弹出选择菜单，然后选项操作。

　　查看工作空间的情况，可以在命令窗口键入命令 whos 或命令 who，命令 whos 显示存在工作空间全部变量的名称、大小、数据类型等信息，而 who 只显示变量名。

　　（4）当前目录浏览器（Current Directory）。当前目录浏览器用于显示及设置当前工作目录，同时显示当前工作目录下的文件名、文件类型及目录的修改时间等信息。只有在当前目录或搜索路径下的文件及函数可以被运行或调用。

　　设置当前目录可以在浏览器窗口左上角的输入栏中直接输入，或点击浏览器下拉按钮进行选择。还可用 cd 命令在命令窗口设置当前目录，例如：

　　cd c：\ mydir 可将 c 盘上的 mydir 目录设为当前工作目录。

　　（5）命令历史窗口（Command History）。命令历史窗口用于记录已运行过的 MATLAB 命令历史，包括已运行过的命令、函数、表达式等信息，可进行命令历史的查找、检查等工作，也可以在该窗口中进行命令复制与重运行。

　　2. Simulink 仿真基础

　　Simulink 是 MATLAB 软件的扩展，是实现动态系统建模和仿真的一个软件包，它与MATLAB 语言的主要区别是：其与用户交互接口是基于 Windows 的模型化图形输入，结果可使得用户可以把更多的精力投入到系统模型的构建，而非语言的编程上。

　　所谓模型化图形输入是指 Simulink 提供了一些按功能分类的基本的系统模块，用户只需要知道这些模块的输入输出及模块的功能，而不必考察模块内部是如何实现的，通过对这些基本模块的调用，再将它们连接起来就可以构成所需要的系统模型（以 .mdl 文件进行存取），进而进行仿真与分析。

　　Simulink 可以仿真线性和非线性系统，同时 Simulink 可将系统分为从高级到低级的几个层次，每层又可以细分为几个部分，每层系统构建完成后，将各层连接起来构成一个完整系统。模型创建完成后，可以启动系统的仿真功能分析系统的动态特性，其内置的分析工具包括各种仿真算法、系统线性化、寻求平衡点等。仿真结果可以以图形方式在示波器窗口显示，也可将输出结果以变量形式保存起来，并输入到 MATLAB 中以完成进一步的分析。

　　（1）Simulink 启动。在 MATLAB 命令窗口中输入 Simulink，便在桌面上出现一个称为 Simulink Library Browser 的窗口，在这个窗口中列出了按功能分类的各种模块的名称。

　　也可以通过 MATLAB 主窗口的快捷按钮 ▦ 来打开 Simulink Library Browser 窗口，如图 6-18 所示。

　　（2）Simulink 的模块库介绍。整个 Simulink 模块库是由各个模块组构成，标准的 Simulink 模块库中，包括连续模块组（ Continuous）、离散模块组（Discrete）、信号源模块组（Source）、仪器仪表模块组（Sinks）、数学运算模块组（Math）和信号路径模块组（Signal Routing）等部分，如图 6-19 所示。此外还有和各个工具箱与模块组之间的联系构成的子模块组，用户还可以将自己编写的模块组挂靠到整个模型库浏览器下。

　　（3）Power Systems 介绍。进入 MATLAB 系统后，打开模块库浏览窗口，用鼠标左键双击其中的 Power Systems 即可弹出电力系统工具箱模块库，如图 6-20 所示。它包括连接元件库（Connectors）、电源库（Electrical Sources）、基本元件库（Elements）、附加元件库（Extra Library）、电机元件库（Machines）、测量元件库（Measurements）和电力电子元件库（Power Electronics）。这些模块库包含了大多数常用电力系统元器件的模块。用户利用这些库模块及其他库模块，可方便、直观地建立各种系统模型并进行仿真。

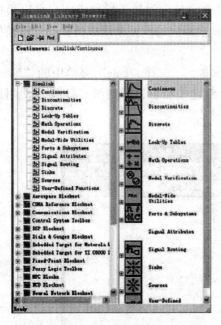

图 6-18 Simulink Library Browser

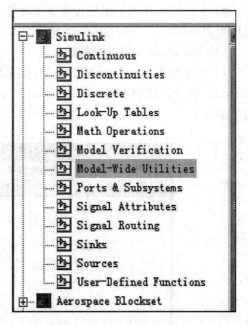

图 6-19 Simulink 模块库

1）电路元件模型。该部分包括断路器（Breaker）、分布参数线（Distribute Parameter Line）、线性变压器（Linear Transformer）、并联 *RLC* 负荷（Parallel *RLC* Load），PI 型线路参数（PI Section Line）、饱和变压器（Saturable Transformer）、串联 *RLC* 支路（Series *RLC* Branch）、串联 *RLC* 负荷（Series *RLC* load）和过电压自动装置（Surge Arrester）。这部分可以仿真交流输电线装置。

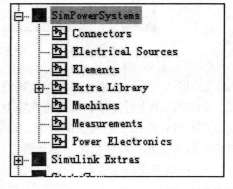

图 6-20 电力系统工具箱模块库

2）电力电子设备模型。此部分含有二极管（Diode）、GTO、理想开关（Ideal Switch）、MOS 管（Mosfet）和可控晶闸管（Thyristor）的仿真模型。这些设备模型不仅可以单独进行仿真，而且可以组合在一起仿真整流电路等直流输变电的电力电子设备。

3）电机设备模型。此部分有异步电动机（Asynchronous Machine）、励磁系统（Excitation System）、水轮电机及其监测系统（Hydraulic Turbine and Governor，HTG）、永磁同步电机（Permanent Magnet Synchronous Machine）、简化的同步电机（Simplified Synchronous Machine）和同步电机（Synchronous Machine）。这些模型可以仿真电力系统中发电机设备，电力拖动设备等。

4）接线设备模型。这一部分包括一些电力系统中常用的接线设备，如接地设备、输电线母线等。

5）测量设备模型。该部分模型是用来采集线路的电压或电流值的电压表和电流表。

6）扩展库。扩展模块组包含了上述各个模块组中的各个附加子模块组用户可以根据自己的电力系统结构图使用 Power System 和 Simulink 中相应的模型来组成仿真的电路模型。

（4）Simulink 简单模型的建立。

1）建立模型窗口。在 MATLAB 的系统开发环境下，选择"File"菜单中的"New"-"Model"命令，就会出现无标题名称的"untitled"新建模型窗口，如图 6-21 所示，用户也可重新命名。

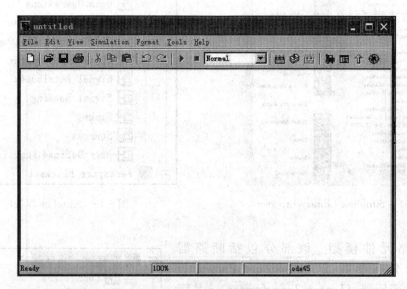

图 6-21　新建模型窗口

2）将功能模块由模块库窗口复制或拖曳到模型窗口。

3）对模块进行连接，从而构成需要的系统模型。

（5）Simulink 功能模块的处理。功能模块的基本操作，包括模块的移动、复制、删除、转向、改变大小、模块命名、颜色设定、参数设定、属性设定和模块输入输出信号等。

1）模块库中的模块可以直接用鼠标进行拖曳（选中模块，按住鼠标左键不放）而放到模型窗口中进行处理。

2）在模型窗口中，选中模块，则其四个角会出现黑色标记。此时，可以对模块进行以下的基本操作。

a）移动：选中模块，按住鼠标左键将其拖曳到所需的位置即可。若要脱离线而移动，可按住 shift 键，再进行拖曳。

b）复制：选中模块，然后按住鼠标右键进行拖曳即可复制同样的一个功能模块。

c）删除：选中模块，按 Delete 键即可，若要删除多个模块，可以同时按住 Shift 键，再用鼠标选中多个模块，按 Delete 键即可，也可以用鼠标选取某区域，再按 Delete 键就可以把该区域中的所有模块和线等全部删除。

d）转向：为了能够顺序连接功能模块的输入和输出端，功能模块有时需要转向。在菜单 Format 中选择 Flip Block 旋转 180°，选择 Rotate Block 顺时针旋转 90°。或者直接按 Ctrl＋F 键执行 Flip Block，按 Ctrl＋R 键执行 Rotate Block。

e) 改变大小：选中模块，对模块出现的四个黑色标记进行拖曳即可。

f) 模块命名：先用鼠标在需要更改的名称上单击一下，然后直接更改即可。名称在功能模块上的位置也可以变换 180°，可以用 Format 菜单中的 Flip Name 来实现，也可以直接通过鼠标进行拖曳，Hide Name 可以隐藏模块名称。

g) 颜色设定：Format 菜单中的 Foreground Color 可以改变模块的前景颜色，Background Color 可以改变模块的背景颜色；而模型窗口的颜色可以通过 Screen Color 来改变。

h) 参数设定：用鼠标双击模块，就可以进入模块的参数设定窗口，从而对模块进行参数设定。参数设定窗口包含了该模块的基本功能帮助，为获得更详尽的帮助，可以点击其上的 help 按钮。通过对模块的参数设定，就可以获得需要的功能模块。

i) 属性设定：选中模块，打开 Edit 菜单的 Block Properties 可以对模块进行属性设定。包括 Description 属性、Priority 优先级属性、Tag 属性、Open function 属性、Attributes format string 属性。其中 Open function 属性是一个很有用的属性，通过它指定一个函数名，则当该模块被双击之后，Simulink 就会调用该函数执行，这种函数在 MATLAB 中称为回调函数。

j) 模块的输入输出信号：模块处理的信号包括标量信号和向量信号；标量信号是一种单一信号，而向量信号为一种复合信号，是多个信号的集合，它对应着系统中几条连线的合成。缺省情况下，大多数模块的输出都为标量信号，对于输入信号，模块都具有一种"智能"的识别功能，能自动进行匹配。某些模块通过对参数的设定，可以使模块输出向量信号。

（6）Simulink 线的处理。Simulink 模型是通过用线将各种功能模块进行连接而构建的。用鼠标可以在功能模块的输入与输出端之间直接连线。连线可以改变粗细、设定标签，也可折弯、分支。

1）改变粗细：连线的粗细是取决于其引出的信号是标量信号还是向量信号，对于向量信号线，可选中"Format"菜单下的"Signal dimensions"命令，对模型执行完"Simulation"下的"Start"命令或"Edit"下的"Update diagram"命令后，传输向量的信号线就会变粗。

2）设定标签：双击连线，即可输入该线的说明标签。也可以通过选中线，然后打开 Edit 菜单下的 Signal Properties 进行设定，其中 signal name 属性的作用是标明信号的名称，设置这个名称反映在模型上的直接效果就是与该信号有关的端口相连的所有直线附近都会出现写有信号名称的标签。

3）连线的折弯：按住 Shift 键，再单击连线的折弯处，就会出现圆圈，表示折点，利用折点就可以改变线的形状。

4）连线的分支：按住鼠标右键，在需要分支的地方拉出即可。或者按住 Ctrl 键，并在要建立分支的地方拉出即可。

（7）Simulink 仿真的运行。构建好一个系统的模型之后，即可进行仿真运行。启动仿真过程最简单的方法是：按下 Simulink 工具栏下的"启动仿真"按钮 ▶，启动仿真过程后系统将以默认参数为基础进行仿真，此外，用户还可以自己设置需要的仿真参数。仿真参数的设置可以由"Simulation"菜单下的"Simulation Parameters"来选择。选择了该菜单项后，将得到图 6-22 所示的对话框，它是变步长下的"Solver"仿真参数设置对话框；固定步长下的"Solver"仿真参数设置对话框如图 6-23 所示。用户可以从中填写相应的数据，修改仿真参数。

图 6-22　Solver 变步长仿真参数设置对话框　　　图 6-23　Solver 固定步长仿真参数设置对话框

在图 6-22 和图 6-23 对话框中共有五个标签来管理仿真的参数：Solver（解算器）、Workspace I/O（工作空间）、Diagnostics（诊断）、Advanced（高级选项）和 Real-time workshop（实时工作空间）。默认的标签为微分方程求解程序 Solver 的设置，在该标签下的对话框主要接受微分方程求解的算法和仿真参数设置。这里只介绍 Solver 的参数设置，其他各项参数设置方法，可查阅相关资料。

1）仿真算法。仿真算法的选择，就是针对不同类型的仿真模型，根据算法的特点、仿真性能与适用范围，采用试探的方法选择算法，以得到最佳的仿真结果。

a）Variable-step（变步长）算法。这类仿真算法可以让程序修正每次仿真计算的步长。具体有 ode45、ode23、ode113、ode15s、ode23s、ode23t、ode23tb 和 discrete 算法。

b）Fixed-step（固定步长）算法。固定步长算法有 ode5、ode4、ode3、ode2、ode1 和 discrete。

2）解算器（Solver）页参数设置。解算器页可以进行的设置包括选择仿真起始和终止时间、仿真的步长与解算问题的算法等。

a）"Simulation time"仿真时间：执行一次仿真要耗费的时间依赖于很多因素，包括模型的复杂程度、解法器及其步长的选择、计算机时钟的速度等。

b）"Solver options"算法模式选择：用户在"Type"的第一个下拉选项框中指定仿真的步长选取方式，可供选择的有 Variable-step（变步长）和 Fixed-step（固定步长）方式。

在变步长情况下，连续系统仿真可选择 ode45、ode23、ode113、ode15s、ode23s、ode23t 和 ode23tb；离散系统一般默认选择 discrete（no continous states）；通常，系统设定 ode45 为默认算法。

在固定步长情况下，连续系统仿真可选择 ode5、ode4、ode3、ode2 和 ode1；离散系统一般默认选择 discrete（no continous states）；通常，系统设定 ode4 为默认算法。

c）"output options"选择输出：有细化输出"refine output"、产生附加输出"produce additional output"和只产生特定输出"produce specified output only"。

"refine output"最大值为 4，默认值为 1，数值越大，输出越平滑。

"produce additional output"允许指定产生输出的附加时间。

"produce specified output only"只在指定的输出时间中产生仿真输出。

3）启动仿真。设置仿真参数和选择解法器之后，就可以启动仿真运行程序。

项目6　电力电子电路 MATLAB 仿真的实现

6.1　项目引入

以单相半波可控整流电路为例，说明 MATLAB 仿真于电力电子电路的过程。该电路的仿真过程可以分为建立仿真模型、设置模型参数和观测仿真结果等几个主要阶段。

1. 建立仿真模型

（1）首先建立一个仿真的新文件并命名。例如，命名为 danban。

（2）提取电路与器件模块，组成上述电路的主要元件有交流电源、晶闸管、*RLC* 负载、电压表/电流表和示波器等，见表 6-3 所列。

表 6-3	元器件名称及路径
元器件名称	提取元器件路径
交流电源 AC	Simpowersystems/electrical sources/Acvoltage source
晶闸管 VT	Simpowersystems/power electronics/thyristor
RLC 串联电路	Simpowersystems/elements/series RLC branch
脉冲发生器	Simulink/source/pulse generator
电压表、电流表	Simpowersystems/measurements/VoltageMeasurement（Current Measurement）
示波器	Simulink/sinks/Scope
地	Simpowersystems/connectors/ground

（3）建立系统模型，如图 6-24 所示。

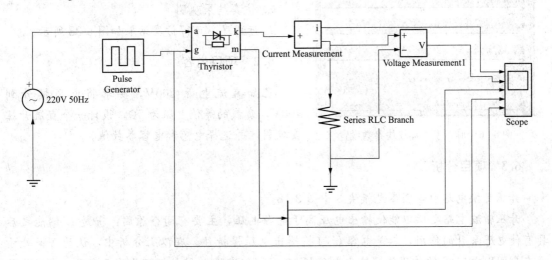

图 6-24　单相半波可控整流系统模型

2. 模块参数和仿真参数的设置

（1）模块参数设置。电源电压为 220V（有效值）、频率 50Hz，如图 6-25 所示。

图 6-25　电源模块参数设置

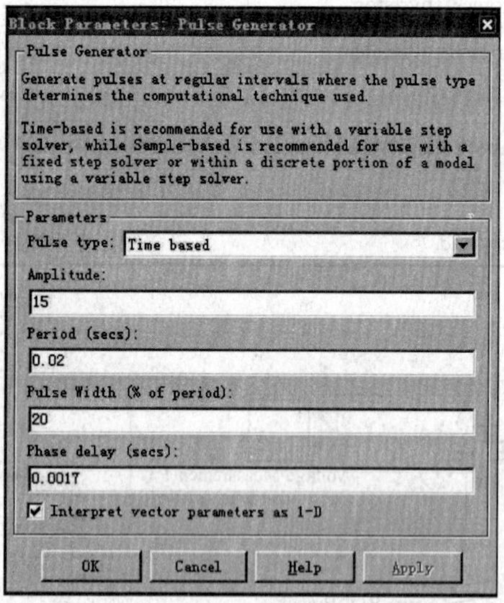

触发角 $\alpha = 30°$，如图 6-26 所示。

电阻负载，$R = 10\Omega$，如图 6-27 所示。

晶闸管参数为默认值。负载可以根据需要设成纯电阻、纯电感、阻感等，此例中为电阻负载 $R = 10\Omega$，$\alpha = 30°$。

（2）仿真参数设置。选择仿真终止时间为 0.08s，采用变步长算法 ode15s 或 ode23td。

3. 仿真结果观测

运行程序，可得仿真结果如图 6-28 所示。

6.2　项目内容

已知直流电源 200V，要求将电压提升到 400V，负载的等值电阻为 5Ω，设计一个直流升压变换器，并选择电感和电容参数值。

图 6-26　脉冲发生器模块参数设置

6.3　项目分析

升压变换电路原理图参见模块 3 中图 3-18。

升压斩波电路之所以能使输出电压高于电源电压，主要有两个原因：一是 L 储能之后具有使电压泵升的作用，二是电容 C 可将输出电压保持住。在以上分析中，认为 VT 处于通态期间因电容 C 的作用使得输出电压 U_o 不变，但实际上 C 值不可能为无穷大，在此阶段其向负载放电，U_o 必然会有所下降，故实际输出电压会略低于理论所得结果。不过，在电

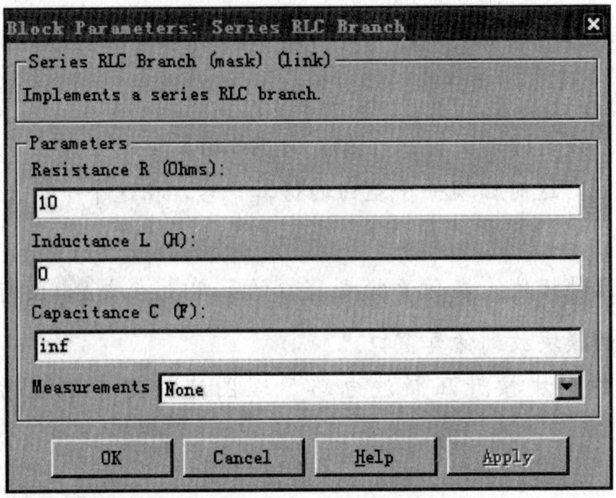

图 6-27　负载模块参数设置

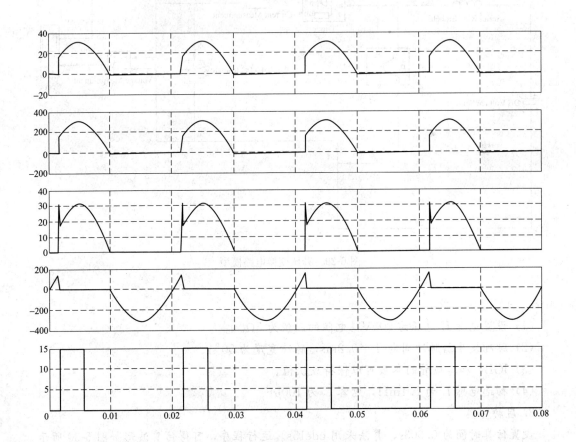

图 6-28　单相半波可控整流电路仿真结果

容 C 值足够大时，误差很小，基本可以忽略。

直流升压变流器的电感和电容值的设计，可以通过仿真调试来确定。

6.4　项目实施

1. 建立仿真模型

（1）建立一个仿真模型的新文件。在 MATLAB 的菜单栏上点击 File，选择 New，再在弹出菜单中选择 Model，这时出现一个空白的仿真平台，在这个平台上可以绘制电路的仿真模型。

（2）提取电路元器件模块。在仿真模型窗口的菜单上点击 图标调出模型库浏览器，在模型库中提取所需的模块放到仿真窗口。

（3）将电路元器件模块按升压斩波电路原理图连接起来组成仿真模型，如图 6-29所示。

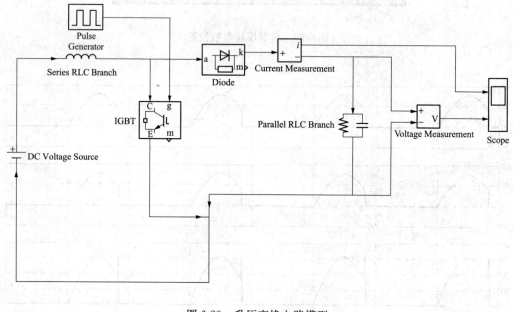

图 6-29　升压变换电路模型

2. 设置仿真参数

（1）设置电源 E 电压为 200V，电阻的阻值为 5Ω。

（2）脉冲发生器脉冲周期 $T=0.2\text{ms}$，脉冲宽度为 50%。

（3）IGBT 和二极管的参数可以保持默认值。

（4）初选电感 L 为 0.1mH，电容 C 为 $100\mu\text{F}$。

3. 启动仿真

设置仿真时间为 0.003s，算法采用 ode15s。运行程序，可得仿真波形如图 6-30 所示。

观察仿真结果，判断所构建的仿真模型的正确性。如果仿真结果基本满足要求，只是输出电压存在波动，可以提高脉冲发生器产生脉冲的周期，并选择多组 LC 参数比较以得到更满意的结果。

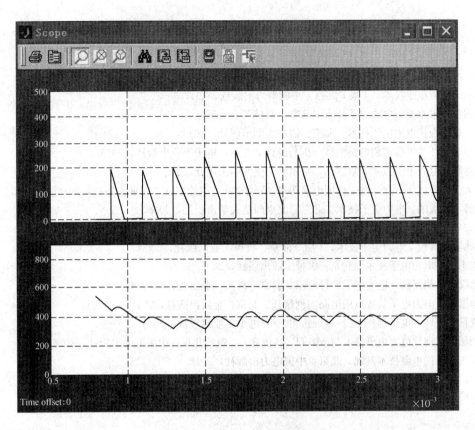

图 6-30　输出电流、电压波形

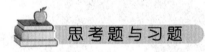

6.1　简述产生过电压的原因，对不同的过电压分别采取何种保护措施？

6.2　简述产生过电流的原因，对不同的过电流分别采取何种保护措施？

6.3　试说明过电流保护的动作顺序。

6.4　在三相全控桥式整流电路中，试画出三种过电压和过电流的保护方法。

6.5　全控型器件的缓冲电路有何作用？

6.6　晶闸管串联使用时，应该注意什么问题？如果解决？

6.7　晶闸管并联使用时，应该注意什么问题？如果解决？

6.8　试说明使用 MATLAB 仿真电力电子电路工作过程的步骤。

参 考 文 献

［1］袁燕．电力电子技术．4 版．北京：中国电力出版社，2017.

［2］周渊深，宋永英．电力电子技术．北京：机械工业出版社，2008.

［3］李媛媛．现代电力电子技术．北京：清华大学出版社，2014.

［4］葛中海．开关电源实例电路测试分析与设计．北京：电子工业出版社，2015.

［5］董慧敏．电力电子技术．哈尔滨：哈尔滨工业大学出版社，2012.

［6］方大千，方成，方立．电工控制电路图集（精华本）．北京：化学工业出版社，2016.

［7］王辉，孟庆波．电力电子技术．北京：北京师范大学出版社，2008.

［8］曾方．电力电子技术．西安：西安电子科技大学出版社，2004.

［9］王兆安，黄俊．电力电子技术，4 版．北京：机械工业出版社，2000.

［10］龙志文．电力电子技术．北京：机械工业出版社，2008.

［11］孙汉林，胡煜慧．电力电子器件应用．北京：机械工业出版社，2008.

［12］李德俊，电力电子装置应用电路实例精选．北京：金盾出版社，2010.

［13］流耘，徐玮．电子制作入门一点通．北京：电子工业出版社，2011.

［14］周渊深．现代电力电子技术与 MATLAB 仿真．2 版．北京：中国电力出版社，2016.

［15］杨飞．现代电源技术基础．北京：中国电力出版社，2016.